ペンローズのねじれた四次元〈増補新版〉

時空はいかにして生まれたのか

竹内　薫　著

ブルーバックス

カバー装幀／芦澤泰偉・児崎雅淑
カバー写真／Sucre Sale／アフロ
本文デザイン・図版制作／鈴木知哉＋あざみ野図案室

増補新版へのまえがき

先日、奥出雲で講演をしたときのこと。懇親会の席で、こんなふうに声をかけられた。

「竹内さんが20年くらい前に書いた、ペンローズ本を何度も読み返していて、もうボロボロなんです」

ボロボロになるまで読み返してくれるとは驚いたが、同時に、嬉しくもあった。私も愛読書が何冊かあるが、そういう本に共通するのは、深く突っ込んで書かれているため、読み返すたびに新たな発見があることだ。いや、実は私の書き方が深いのではなく、ペンローズという科学者の思想が奥深いのである。いまや、世界を代表する数理物理学者として有名になったロジャー・ペンローズは、いったい何を考え、どこへ行こうとしているのか。おそらく読者は、その思想的な魅力に取り憑《つ》かれるのであろう。

数学の傑出した才能をもち、アインシュタインの特殊・一般相対性理論を独自の方法で発展させた男。相対性理論の教科書には、宇宙やブラックホールの全体像を限られた紙面に圧縮して表示する「ペンローズ図」が必ず載《の》っている。

また、素粒子の基本的な性質である「スピン」（≒回転）をつなげて、そこから時空を生み出す手法を発展させ、「ツイスター」（≒竜巻？）なる美しくも奇っ怪な数学オブジェを発案し、さらに奇っ怪な「ねじれた四次元」において相対性理論と量子力学の統一という無謀な挑戦を続けている男。

現代物理学の最大の難問は、二大基礎理論である相対性理論と量子力学を統一的な枠組みで融合させることだが、いまだに誰も成功していない。ペンローズのツイスターも例外ではないが、統一を試みるさまざまな科学者が、ツイスターを活用して論文を書いている。人の顔を正面から見るのと横から見るのとでは印象が異なる。それと同じで、統一のための理論構築において、ツイスターを用いることで、それまで気づかなかった側面が見えてくる。また、純粋に数学的な観点からもツイスターは奥が深い。

本書の旧版は１９９９年に出版されたが、その後、ペンローズ自身は研究の幅をさらに広げ、世界を驚嘆させる宇宙論を展開するようになった。「共形循環宇宙論」（略してＣＣＣ）という難しげな名前をもつペンローズの宇宙論は、どことなく、ビッグバン宇宙論に駆逐された「定常宇宙論」に似た趣《おもむ》きをもっている。

宇宙の始まりにおいてビッグバンは起きたし、宇宙は膨張してきた。それは観測的な事実であり、いまさら、ビッグバン宇宙論を否定することは誰にもできない。だから、「ずっと宇宙の見え方は変わらない」と主張する定常宇宙論を復活させようものなら、大多数の物理学者から総スカンを食らうに違いない。それはまるで、墓を掘り起こしてゾンビを世に放つようなものだから。

だが、それは、物質に重さ（正確には質量）が存在する、という前提でのみ正しい。もしも宇宙の物質に重さがないとするならば、話はガラリと変わる。詳しくは第6章に譲るが、重さがない宇宙では、そもそも大きさを定義することが不可能なので、宇宙の始まりと終わりとで「大きさが違う」という発言自体が意味をもたなくなる。つまり、ビッグバン後にせっかく膨張し続けて大きくなった宇宙ではあるが、物質に重さがなくなると、急に、膨張して大きくなったことが「わからなく」なってしまうのだ。ゆえに、宇宙の始まりと終わりは「同じ」ことになる。

これは、天のはずれまで飛んでいった孫悟空が、実は、釈迦の掌から出ていなかった、という状況に似ている。大きいことは小さいことであり、終わりは始まりだ。まるで禅問答だが、ペンローズはあくまでも物理学者なので、自説を補強する観測事実を探し求めた。残念ながら、いまのところペンローズの宇宙論が正しい証拠は見つかっていないが、もしかしたら、今後10年くらいで観測精度が高まった暁《あかつき》には、前世ならぬ「前の宇宙の証拠」が見つかるかもしれない。

というわけで、本書は、若い世代も含めた、新たな科学好きの読者に読んでもらえればと思い、古くなった記述を修正し、最新の共形循環宇宙論に関する第6章を増補して、ふたたび世に問うものである。

新たな読者は、はたして、本がボロボロになるまで読み返してくれるであろうか。終わりは始まり。いま私は、いったん終わり、ふたたびゼロから出発する本書を、ペンローズの循環する宇宙に重ねている。

2017年11月

竹内薫

ペンローズのねじれた四次元　増補新版／もくじ

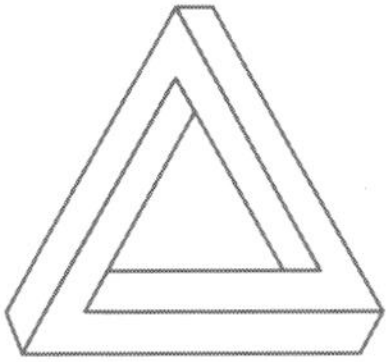

第1章　あるけど見えないローレンツ収縮

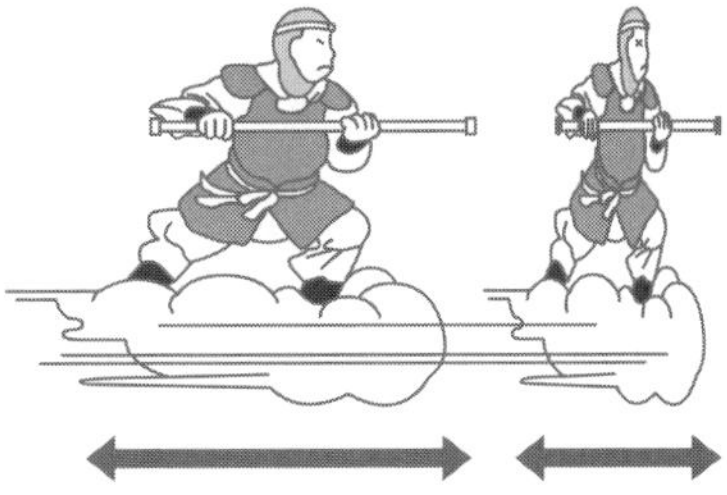

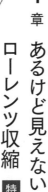

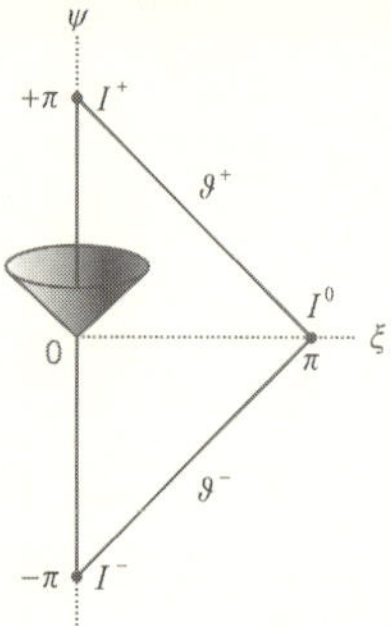
ψ
+π
I+
ϑ+
I0
ξ
0
π
ϑ−
−π
I−

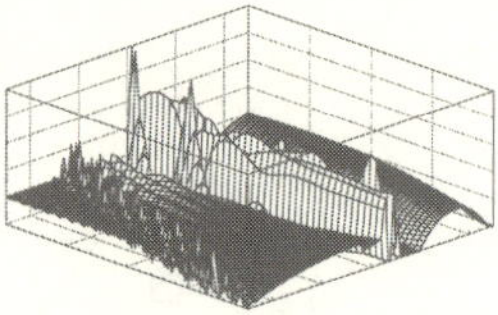

$$t' = \frac{t}{\sqrt{1-\frac{v^2}{c^2}}}$$

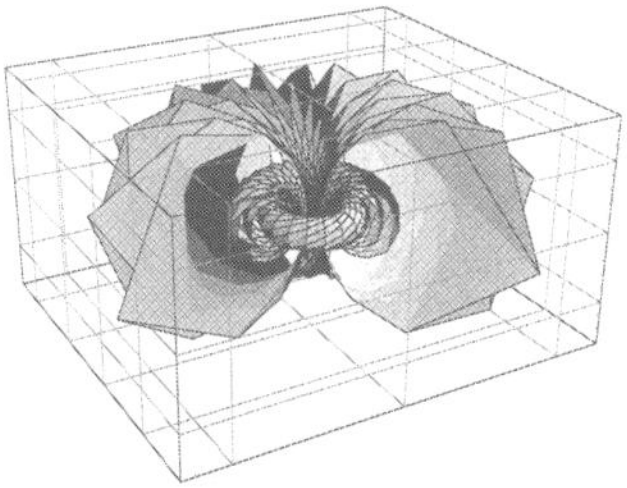

旧版まえがき

ペンローズと相対性理論と量子論。

それが、この本の内容である。

こんなことを言うと、
アリス「え？　ペンローズならよく知ってるわ。相対論と量子論の本だって何冊も読んできた。

いまさら、なんでもう一冊読まなくちゃいけないの？」

ああ、そんな読者の反応が目に見えるようだ。あるいは、
ボブ「ペンローズなんて知らないよ。相対論とか量子論とか小難しいことはごめんだね」

と言われるかもしれない。

そこで、私がこの本を書こうと思ったわけをかいつまんでご説明しよう。

ペンローズは言わずと知れた現代物理学の旗手であり、玄人《くろうと》の間では、一般相対性理論の専門家としてつねに一目置かれる存在であった。だが、ペンローズが専門家以外の人々に知られるようになったのは、脳と意識の問題を扱った『皇帝の新しい心』がきっかけであった。そのため

か、いつのまにやら、
「ペンローズは意識について論じる不可思議な学者だ」
というような的はずれの評価まで現れるようになってきた。

　もともと欧米の学者には、偉大な業績のほかに怪しい研究というものがつきまとうことが多い。『プリンキピア』で古典力学を完成したニュートンが錬金術の研究もしていたことや、天体力学を作ったケプラーが太陽信仰と数秘術に凝《こ》っていたことは、あまりに有名だ。アインシュタインの一般相対性理論を実験的に検証したエディントンは、電子の電荷の大きさを数秘術から導こうとしたし、相対論的量子力学の方程式で有名なディラックは、「重力定数が年々弱くなる」という巨大数仮説を提唱して物議をかもした。

　科学者だけでなく、現代言語学の父であるソシュールも、『一般言語学講義』という傑作のほかに、怪しいアナグラム研究に没頭していた。

　つまり、偉大な天才たちは、輝かしい業績とともに、なにやら面白い詮索をしている。おそらく、あらゆることに興味をもって、いろいろなことを考えている中から、後世に残る大発見が生まれるのであろう。だから、一見、非理性的な営みのように見える怪しい研究も、その実、まっとうな研究の産婆役となっているに違いない。

　さて、ロジャー・ペンローズの場合も、やはり天才の例に漏れず、まっとうな研究と怪しい研究の両方に首を突っ込んでいる。そして、私に言わせれば、脳と意識の研究は、どちらかと言えば怪しい研究の部類に属するのである。そして、相対論におけるまっとうな研究のほうは、残念ながら、あまり一般に知られていない。

こんなことを書くと、世界中の脳科学者と心理学者から、「なんたる決めつけだ。ペンローズの意識の研究は、きわめてまっとうであり、誤解もはなはだしい！」と、お叱りの言葉を頂戴することになるだろう。そこで、誤解のないように付け加えておくと、私自身は、怪しい研究という言葉にネガティブな意味をもたせてはいない。まっとうか怪しいかは、世間の多数決で決まる問題であり、おそらく、やっている本人の頭の中では優劣の区別はないに違いない。

どうも歯切れが悪くて恐縮だが、要するに、ペンローズの研究には、輝かしい業績として学界に認められている相対論の研究と、いまだ認知されていない意識の研究があることだけは確かだ。そして、私としてはこの本の中で、学界ですばらしい業績として認められていながら、一般には知られていない部分に光を当ててご紹介したいのである。

だから、

アリス「へェー、ペンローズって、こんなすごいことも考えていたんだ」

あるいは、

ボブ「相対論とか量子論って奥が深くて面白いもんだったんだ。ミステリアスな雰囲気が伝わってきたよ」

というような読者の反応を期待して、この本を書いたのである。

科学読み物としての狙いは、

「ペンローズの業績をたどることによって、これまでにない相対論や量子論の新鮮な見方を紹介すること」

に主眼をおいた。

一所懸命に書いたつもりであるが、当初の目論見《もくろみ》どおり事が運んだかどうかわからない。大方のご叱正を待つこととしたい。

1999年初夏　鎌倉にて

竹内薫

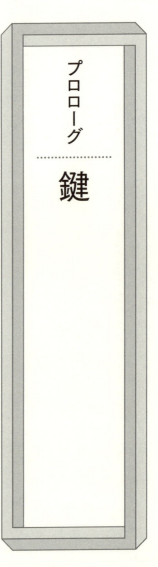

プロローグ

鍵

――20世紀の終わり。ケンブリッジ。


古風な石造りの建物は、ヴィクトリア朝の栄光の跡をとどめている。

ケンブリッジのどんよりと曇った光が、淡いステンドグラスを通して階段の踊り場に陽炎《かげろう》のような不可思議な模様を描いた。

その模様を二つの影が音もなく横切り、2階へと上っていった。

静まりかえった館内の空気は冷たく、廊下に敷き詰められた緋色の絨毯《じゅうたん》の黴《かび》くさい臭いがかすかに漂う。

　太いストライプのダブルに派手なネクタイをしめた初老の紳士が、ズボンのポケットから鍵の束を取り出した。じゃらじゃらという金属音が洞窟のような暗い廊下にこだました。扉に鍵が差し込まれた。

「………」

　男の顔が曇った。鍵が開かないのである。

「大丈夫ですか?」

　もう一人の若い男が、心配そうな顔になって訊《き》いた。

「うん、ちょっと待ちなさい」

　初老の男は、そう言うと、鍵の束を目の前にもってきた。一つひとつ丹念に眺めている。しばらくすると、

「うん、このパターンだ」

　笑みを浮かべながら、一つの鍵を扉の鍵穴に差し込んだ。

　ギイーという音をたてて、重い木の扉が部屋の内側に向けて開いた。とたんに、部屋に充満していた無数の光子の群れが、洪水のように緋色の絨毯の上に降り注いだ。

「かけたまえ」

初老の男は、部屋に入って扉を閉めると、若いほうに椅子をすすめ、自分も向かいに座った。

「ありがとうございます、サー・ペンローズ。あの、さきほど廊下で鍵を見つめておられましたが、みんな同じような形の鍵でしたよね」

「ああ、同じ会社が作っている鍵だからね」

「じゃあ、どうして、どの鍵がこのゲストハウスの扉のものか判《わか》ったんですか？」

「鍵の刻み目を覚えているんだ」

「え？　刻み……ですか」

ケンのティーカップが宙で止まった。

「そう、ご存じのように、すべての鍵には特有の刻みのパターンがある。わたしは、もっている鍵の刻み目をすべて記憶しているのだよ」

「へぇー」

ケンが感嘆のため息をもらした。

「きみは音楽が好きかね？」

「はい」

「どんな音楽を聴くのかね？」

「はい、ワーグナーなんか好きですね」

「音楽にも、メロディやリズムのパターンがあるだろう?」

「はい」

「モーツァルトの『ト短調交響曲』とワーグナーの『トリスタンとイゾルデ』のパターンが違うことは聴けばすぐにわかるだろう?」

「そうですね」

「それと同じで、鍵の刻み目だって、見ればすぐにわかるのさ」


——それから1年後。日本。


ケン・モージャイは、愛車のスカイラインGT－Rで京葉道路をかっ飛んでいた。

今日は、師匠のロジャー・ペンローズ卿がイギリスから飛行機で成田にやってくる。空港で出迎えなくてはいけないのに、朝寝坊をして、時間ぎりぎりになってしまったのだ。


だめだ、間に合わねえ!

「羊の皮を着た狼」の異名を取る8代目スカイラインは、誰が聞いても狼とわかるような唸《うな》り声をあげて、次々と追い越し車線をふさぐ車に背後からパッシングを浴びせて走り続けた。

やがて、左の走行車線を走っていた紺色のＢＭＷの姿がケンのバックミラーに映った。いきなり、助手席から、にょきっと手が出て、赤色灯をルーフに置いた。

「その車、ゆっくりと車線を変更して、パーキングエリアに入りなさい！」

という拡声器の声が聞こえた。

「なんで、ＢＭＷがパトカーやってんだよ」

ケンは舌打ちしながら、アクセルを踏み込む足の力を抜いて、左のウィンカーを出した。


警察にこってりと絞られて、足止めを食ったケンが成田に着いたのは、師匠の乗った飛行機が到着してから1時間も経ってからであった。空港正面の駐車場に車をとめて、ケンは、到着ロビーまで一目散に走っていった。

突然、後ろから、かん高い口笛の音が聞こえた。映画でタクシーをとめるときに吹くおなじみの合図である。ケンが足を止めて振り返ると、そこには、懐かしい師匠の顔があった。

「ケン、ここだよ！」

四角い顔に刻まれた逆ハの字形の力強い眉毛、きりっと一直線に結ばれた長く薄い唇。顎の先は二つに割れている（鬚《ひげ》をそるのが大変に違いない）。意志の強さと穏やかな気性を物語る大きく黒い瞳。だが、なんといっても印象的なのは、明晰な頭脳とバランスのとれた知性の持ち主だけに許された謎の微笑みだ。

モナリザの微笑

ケンは、師匠に会うたびに、その研ぎ澄まされた知性と、人なつっこい微笑みのアンバランスさに戸惑ってしまう。

「はあ、はあ、……遅れてしまって、……すみません」

「いや、なに、今、税関から解放されたところさ」

「途中でスピード違反で警察に捕まってしまって」

「おいおい、帰りは安全運転で頼むよ」

「師匠、女王陛下から両肩に剣を当てられた気分はどうです?」

ようやく落ち着きを取り戻したケンが尋ねた。

「そうだね、歳のせいか、膝をついていて、膝頭が痛くて困ったよ。だが、あの剣の紋様は気に入った。うちの家紋よりデザインがいい」

ロジャー・ペンローズは、その画期的な数理物理学の業績によって、大英帝国のナイト爵を授与された。これにより、ロジャーも、ニュートンやエディントンといった歴史に冠たる科学者たちの仲間入りを果たしたということだ。そうだ、われわれもロジャーなどと呼び捨てにしてはいけない。これからは、敬意を払って、サー・ペンローズと呼ぶことにしよう。

「そういえば、トイレットペーパーの裁判はどうなりました？」

ケンが紙をくるくる巻くような仕草をしながら訊いた。

「おかげさまで勝訴したよ」

サー・ペンローズが、ひそひそ話でもするように声のトーンを下げて答えた。

ケンは、タータンチェック模様のサー・ペンローズの旅行鞄を手にもつと、駐車場まで案内した。

「真紅のスポーツカーとはすごい」

サー・ペンローズが、目を丸くして、やや大袈裟に驚いてみせた。だが、ケンにドアを開けてもらって助手席に乗り込んだサー・ペンローズは、こんどは、本当に驚きの声をあげた。

「こ、これは！」

GT－Rの内装は、サー・ペンローズが発見した「ペンローズタイル」とよばれる幾何学模様で覆《おお》いつくされていた。

「師匠、あとでビールおごりますから、デザインの無断使用で訴えたりしないでくださいよ」

　ケンが茶目っ気たっぷりに片目をつむってみせた。

＊

　フィクション風のプロローグを書いてみた。ケン・モージャイというのは、友人の脳科学者・茂木健一郎がモデルであり、師弟関係ではないものの、実際に彼はペンローズと親しくつきあっている。

　ロジャー・ペンローズという名は、実に伝説的な響きをもっている。

　ただし、私は、『皇帝の新しい心』や『心の影』といった作品に代表される、ベストセラー作家としてのペンローズのイメージのことを言っているのではない。

　ペンローズは元来、数学者である。特に数理物理学の分野において、前人未到の驚異的な業績を挙げ続けてきた巨人なのだ。

　え？　どんな業績か？

　たとえば、エッシャーの有名な『上昇と下降』のリトグラフ（図p-1a）。

　あの不可能図形のアイディアは、幼いロジャーが遺伝学者の父親とともにエッシャーに教えたものなのだ。偉大なる芸術家の創作意欲を刺激した「ペンローズ三角形」は、ロジャー坊やの非凡な幾何学的才能を予感させるものであった（図p-1b）。

　もっと卑近な例を挙げれば、無断でトイレットペーパーの図柄に使われて裁判沙汰になったペ

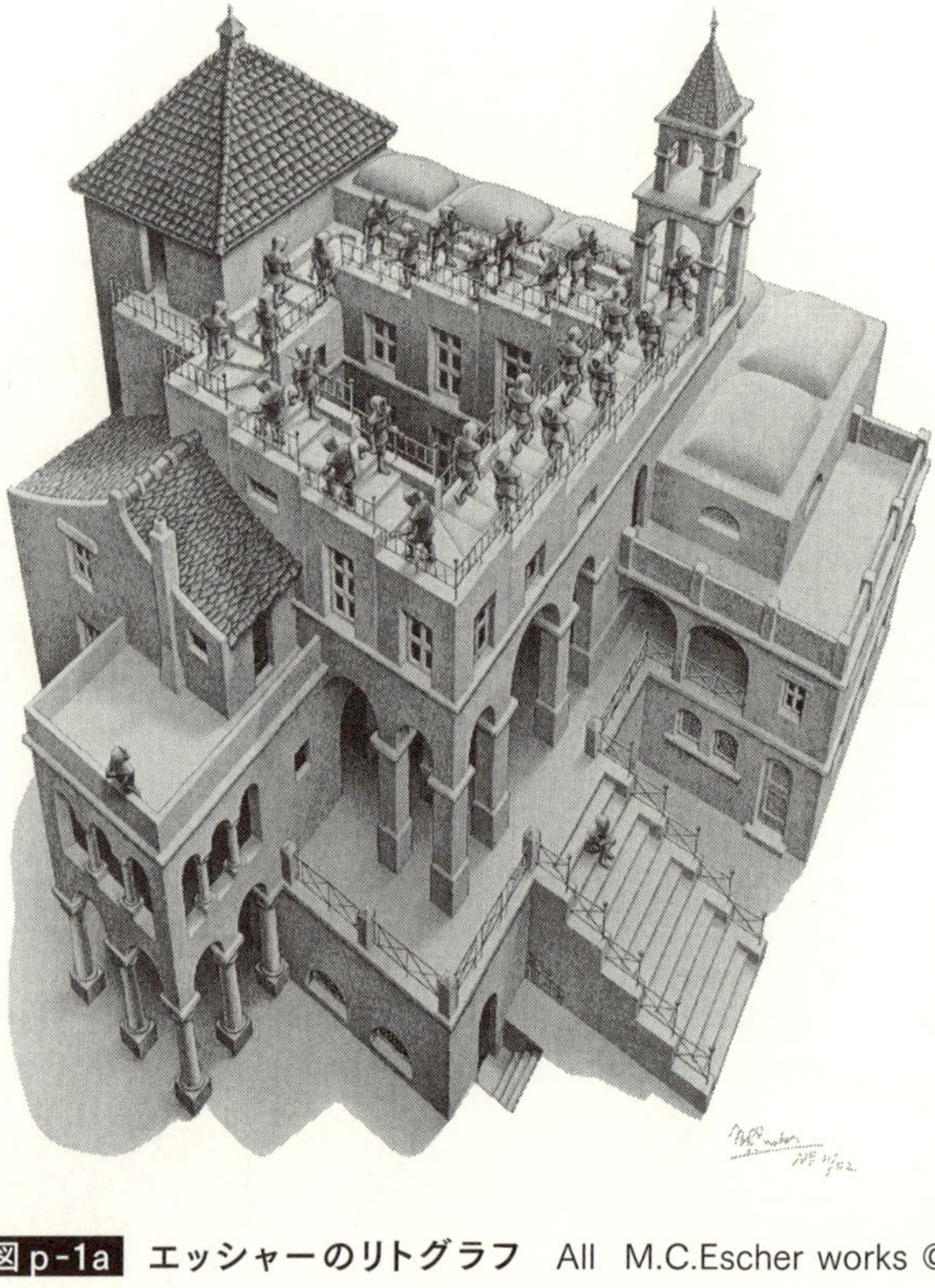

図 p-1a　エッシャーのリトグラフ　All M.C.Escher works © Cordon Art B.V. -Baarn- the Netherlands ／ハウステンボス

ンローズタイルがある。物理世界には存在しないと思われていた五回対称の準結晶の発見につながったみごとな業績は、今でも幾何学者たちの語り草となっている。ちなみに、裁判では、トイレットペーパーへの使用は不遜として禁止された。

もともと自然界の結晶には五角形は存在しないと考えられていたが、準結晶は存在したのである。準結晶というのは、完全に規則正しい結晶と無秩序なガラスの中間。決まった方向に周期的に構造が繰り返すのではないにもかかわらず、対称性をもっている。百聞は一見に如かず、実物をご覧いただきたい（図p-2）。

自然界には、数学的に不可能なものは存在しえない。数学的に可能なものがすべて実在するとも限らない。五回対称の準結晶は、ペンローズの数学によって予測され、実際に発見されたのである。

ペンローズのタイルの特許を扱ってパズルなどを作っているペンタプレックス社のデヴィッド・ブラッドレーは、このトイレットペーパー事件について、次のような仰々しくも面白おかしいコメントを発表している。

「大英帝国臣民が、多国籍企業のしり馬に乗って、わが国の

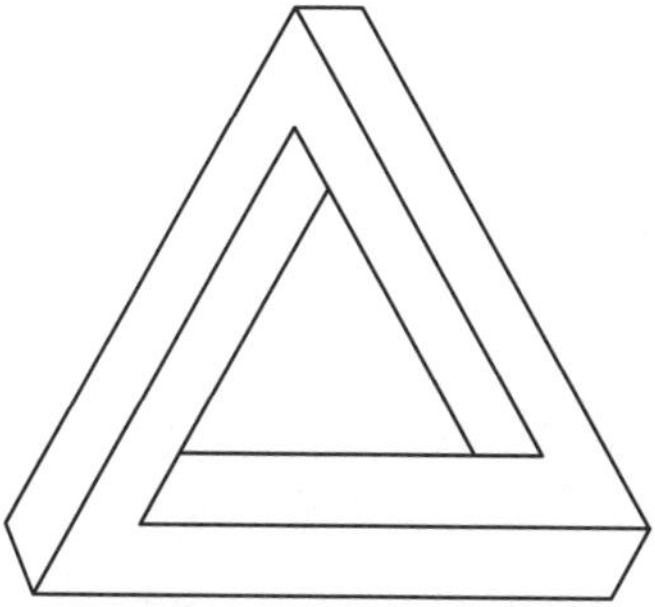

図p-1b　ペンローズ三角形

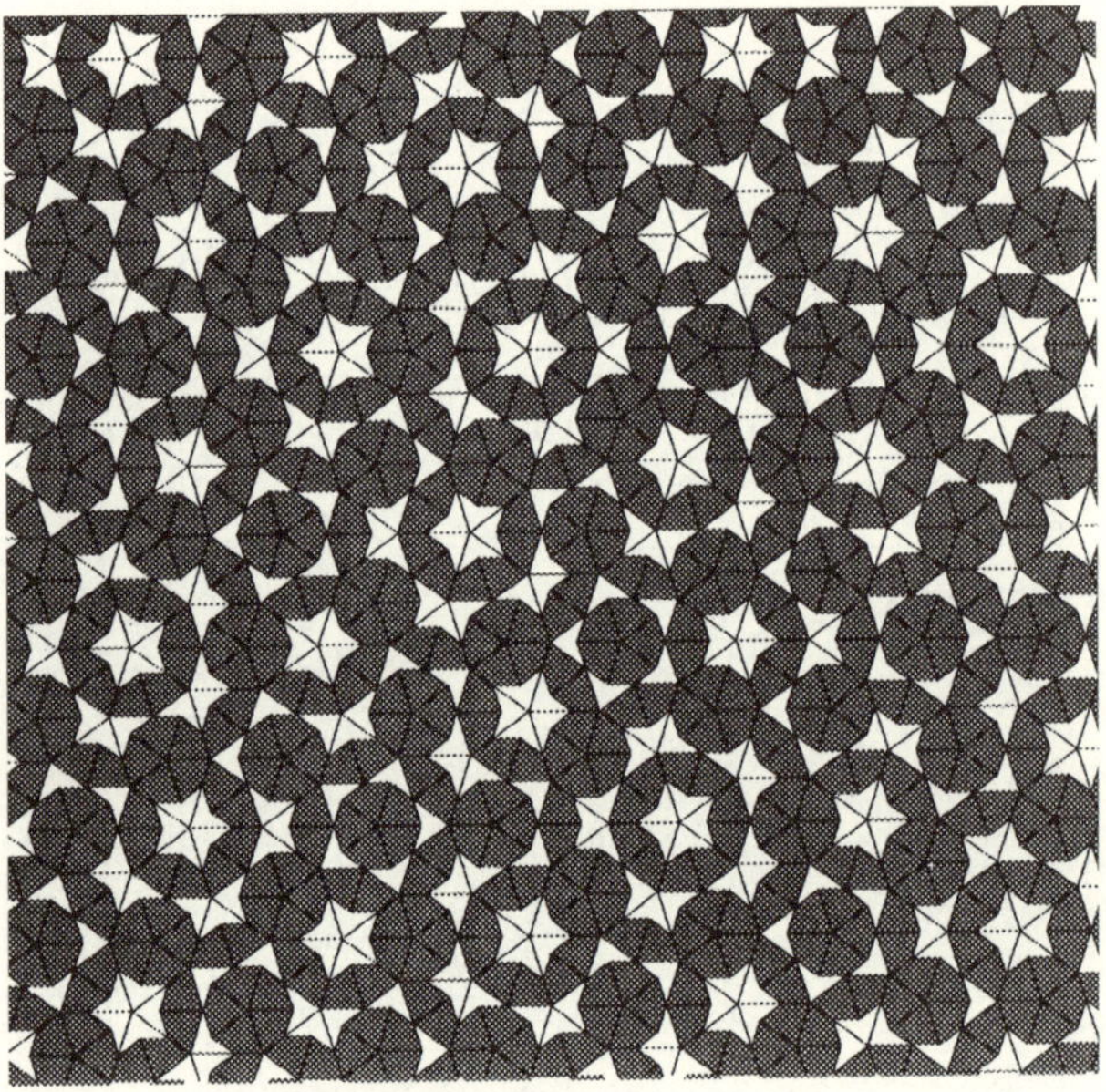

図p-2　ペンローズタイル

ナイト爵の発明になる作品を用い、本人の許諾を得ずに、自分たちの尻を拭くことを奨励されたとあらば、最後の手段をとらざるをえまい」

このパズル、ふつうのジグソー・パズルとは一味ちがう。ふつうのパズルでは、局所的にピースがはまればいい。つまり、すぐ隣だけを考えればいい。ところが、ペンローズのパズルは、大局的にピースをはめていかないと完成しない。全体を考慮に入れながらパズルを作っていかないとダメなのだ。

こういうのは、子供の情操教育

に非常にいいおもちゃである。

ペンローズは、特殊相対性理論におけるローレンツ収縮が、実際には「縮んで見えない」ことを初めて証明したことでも有名だ。ガモフの『不思議の国のトムキンス』は、相対性理論の良い啓蒙書であるが、そこに、通行人の目の前を通りすぎる自転車が縮んで見える挿絵がある。ペンローズが指摘するまでは、世界中の物理学者たちが、この挿絵のように、動いている物体は相対性理論に従って縮んで見える、と信じて疑わなかった。ペンローズは、それを覆してしまった。

しかし、なんといっても、ペンローズのいちばんの業績は、一般相対性理論の「特異点定理」だろう（得意ではない、特異です。英語の singularity）。その内容については、本書の第2章をご覧いただくとして、とにかく、ペンローズはこの業績によって、ホーキングとともに1988年度のウォルフ賞を受賞した（ウォルフ賞というのは、科学などの卓越した業績に対して与えられる賞で、文学でいえば、さしずめ芥川賞みたいなイメージである）。

同じ一般相対論の分野では、ブラックホールを論ずるときに欠かせない「ペンローズ図」というのがあって、もちろん、発明者はペンローズである。本書では、ペンローズ図の見方についても詳しく説明するつもりだ。

さらに、ペンローズの名声を不動のものにした「スピン・ネットワークの理論」がある。これは、スピンとよばれる素粒子の奇妙な性質を集めてネットワークにすると、あーら不思議、時空構造ができてしまいました、というしろもの。世界中の物理学者に衝撃を与えた。
なぜスピン・ネットワークが衝撃的だったのか?
それは、ペンローズが、

世界は時間と空間(=宇宙)という容器の中に入っている

という大前提というか暗黙の了解を、ひっくり返してしまったからにほかならない。分子や原子や素粒子といった物質が、時間と空間という名の入れ物の中に入っている。人はそう思い込んでいる。だが、物質を組み立てている部品の一つである「スピン」とよばれる素粒子の属性によって、逆に時間と空間を作ることができるとしたら、この大前提はもろくも崩れ去ることになる。

発想を転換して、

スピンが集まった状態を人は時間・空間と認識する

と言ってもいいことになるからだ。初めに時空ありき、ではなく、初めにスピンありき、と言ってもいい。

しからば、時空を作っているスピンとは、いったい何物ぞ？

スピンというのは、大きさのない点粒子がくるくると回っている状態であり、それは、相対性理論と量子力学の間に生まれた〝鬼っ子〟のような存在だ。誰が注文したわけでもないのに、相対性理論と量子論をまぜて調理すると、いつのまにか「スピン」という名の得体の知れない料理メニューができあがった。これには、ゾンマーフェルト、パウリといった名だたる物理学の名シェフたちもびっくり仰天。はたしてお客様に出してよいものやら、皆目見当がつかず、右往左往してしまった。

スピンやツイスターについては、第4章を読んでいただきたいのだが、実は、このスピンをペアにした「ツイスター」（ねじれもの）なる奇妙な概念がペンローズの学問の真骨頂なのである。

というわけで、この本は、ペンローズの業績をたどることによって、

これまでとは違った相対論と量子論の見方と、鬼っ子「スピン」の素顔にせまる

ということを一応の目的としたい。

ペンローズの業績は、理論物理学と数学の非常に難解な部分に集中している。私の役割は、だから、高等数学を使わずに、その内容をうまく説明することにある。

最後に、途中、話がしばしば脱線することをお許しいただきたい。私は、あまり真面目にやると肩が凝って話ができなくなる質《たち》なのだ。なお、脱線には2種類あって、気分的なものと理論の説明の伏線とがある。ご注意めされ。

第1章 あるけど見えないローレンツ収縮

特殊相対性理論の世界

相対性理論では、動いている物体は縮んで見える？　否《いな》！

ローレンツ変換で概念的に物体が縮むのは視線方向なので、物体の実際の見え方には影響しない。確かに、目の前を右から左に飛んで行く物体は縮むのだが、物体の頭とお尻から私の目に届く光は、同時に発せられたものではないため、視覚的には、物体は〈縮む〉のではなく、〈回転〉して見える。つまり、本来は見えないはずの物体の後ろ姿がちらっと見える。この驚くべき現象を世界で初めて証明したのが、われらがペンローズ卿であった。

それでは、まずは、相対論の簡単な解説から。

先日、ブルーバックス編集部のAさんに輸入オーディオショーに連れていってもらった。

「このスピーカー、音がいいですね、どれくらいするんでしょう」

私の素人的な質問に、Aさんの目がキラリと光った。

「そうですね、システム全体で1400万円はかかってるでしょう」

私は一瞬、絶句した。せ、せんよんひゃくまんえん？　私の予想していた数字とのあまりの落差に、ついつい数字も平仮名になってしまうほどだった。私の仰天した顔を見て可哀想になったのか、Aさんは、

「でも、量販店で売っている一式10万円のコンポの2倍も出せば、とりあえず、良質の音を聴くことができますよ」

と付け加えた。

売れない作家で、猫を引き連れて夜逃げをした過去のある私としては、

「よし、ペンローズの本を書いて、その印税で、20万円のコンポを手に入れてやろう」

などという邪《よこしま》な考えに取り憑かれて、この文章を書き始めている。

もちろん、別に関係のないオーディオの話に脱線しようというわけではない。このお話の教訓は、早い話が、人は先入観にとらわれている、ということなのだ。オーディオについて、あまり深く考えたことのなかった私は、なんでスピーカーがあんな格好になっているのか知らないし、

その値段にも無知だった。そのくせ、勝手な思い込みというか先入観があって、「スピーカーなんて、たかだか数十万円だろう」とたかをくくっていたのである。

●相対論に残されていた問題点

相対論も、先入観を抱きやすい分野だ。人は、相対性理論をちょっとかじって計算ができるようになると、なんだか相対論全体を理解したようなつもりになる。この前、友人の脳科学者とロボット研究者たちと酒を飲んでいて、話が相対論におよぶと、中の一人が、「相対論なんて、ローレンツ変換で話は終わりじゃないか。今さら何を論ずる必要がある」と言った。

この発言は、実は、大部分の物理学科卒業生の抱いている相対論観を如実《にょじつ》に表している。すなわち、ローレンツ変換の式さえ知っていれば、すべては計算可能で問題など存在しない、という考えである（ローレンツ変換については、付録を見てください）。

だが、1905年に誕生した特殊相対性理論は、50年以上たった1959年の段階で、依然として大きな問題を抱えていた。ただし、その問題は、特殊相対論が間違っているとかいうことではなく、その解釈が未熟だったということなのだ。

しからば、その問題点とは何か？

それは、

ローレンツ収縮は本当に縮んで見えるのか？

という問題だ。

●ニュートンとマックスウェルは相容れない

さて、ここでローレンツ収縮の解説をしておこう。

19世紀末、つまり1890年代の物理学は、いろいろと難問を抱えていた。ご存じかもしれないが、その代表的なものが、熱放射の問題と、マックスウェルとニュートンの食い違いである。

熱放射の問題というのは、

「温度によって、どのような波長の電磁波がどれくらいの強さで放射されるか」

という難問。当時、長波長の赤外線などでうまく実験と合う「レイリー＝ジーンズの式」と、短い波長で実験と合う「ウィーンの式」があったが、すべての波長でうまく実験を説明する式は存在しなかった。

今から考えれば、うまくいくはずもないのであって、マックス・プランクが1900年に「プ

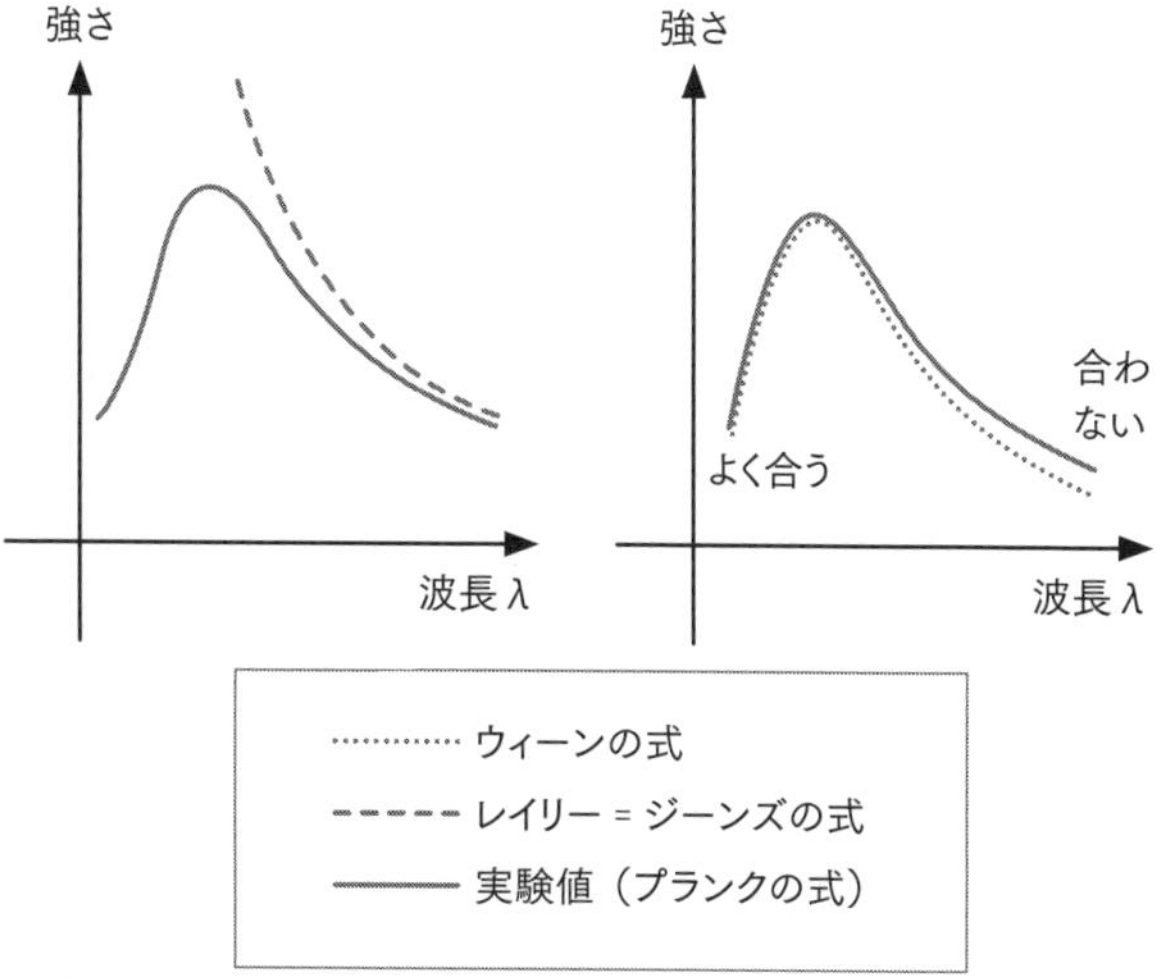

図1-1　レイリー＝ジーンズとウィーンの分布式の図、およびプランクの式の図

ランクの放射式」を発表して、量子論の幕開けとなった。エネルギーが飛び飛びの値をとる量子論を待って、初めて熱放射の問題は解決可能となったのであった（図1-1）。

　温度によって放射される電磁波の波長が違うというのは、かなり難しいかもしれない。もともと、物理学用語というのは難しい。でも、用語が難しいのと本質的に難しいのとは別問題だ。実際、灼熱《しゃくねつ》地獄の溶鉱炉のそばで鉄を見ている職人は、温度と波長の関係を熟知している。鉄が赤ければ５００℃くらいだし、白ければ１３００℃、といった具合に。

　経験豊富な鉄工所の職人さんは、鉄の色を見ただけで温度を当てる。でも、その色と温度の関係を数式で表すのは容易なことではない。ウィーンの式とレイリー＝ジーンズの式は、どちらも帯に短し襷《たすき》に長し、いま一つぴったりでなかった。でも、プランクが考えた数式は非常にうまくいった。そして、その数式は、量子力学というまったく新しい力学の幕開けとなった。

私はやたらと鉄と縁が深い。

私の母方の曾祖父は、八幡製鉄所という官営製鉄所の日本で最初の溶鉱炉を設計した。国のお金でドイツに留学させてもらって、そこで溶鉱炉の作り方を学んで帰ったのである。でも、その名は歴史には残っていない。なぜなら、その後、疑獄事件で逮捕されて、不名誉なこととして製鉄所の社史から名前が削られたからである。ちなみに、九州の小倉出身のミステリー作家が、この疑獄事件について詳しく書いている。

私の曾祖母は、本多という大名家のお姫様で、新橋の、今の慈恵医大がある場所で生まれた。当然のことながら、箱入りでお金のことなど皆目わからない。ある日、夫の留守中に客が訪ねてきて、菓子折りを置いていった。曾祖母は、その菓子折りを受け取った。だが、中身は黄金色の菓子であった。その賄賂が原因で、政財界を巻き込み、自殺者まで出した大疑獄事件が始まったのである。

作家や当時のマスコミが、正確に書いていないことがある。

一つは、曾祖父が弁済しようと工面したお金を顧問弁護士が猫ババして満州に高飛びした話。戦後、その弁護士は、着の身着のままで帰国し、謝罪に訪れた。曾祖父は、相手のあまりのやつれように同情して、許すことにした。もちろん、お金は返ってこなかった。

もう一つは、私の曾祖母が「クレオパトラの湯」と称して、毎日、ミルクの湯につかっていた、という噂。だが、曾祖母は、生まれつきミルクが大嫌いだったのだ。ミルクの匂いに我慢できなかったのである。

歴史とは、こういうものだ。そこには、絶対的な事実などない。どこかに真相があると人は思い込んでいるが、事件の真相というのは、よくよく考えてみると幻想にすぎないことが多い。人によって見方は違う。作家の見解と製鉄会社の見解と弁護士の見解は、みな食い違う。

物事の見方は相対的なのがふつうなのである。

私は、よく企業のＰＲ誌の取材をするが、八幡製鉄の流れをくむ会社のＰＲの仕事をやっていたことがある。もちろん、偶然である。疑獄事件を起こした人物の曾孫《ひいまご》だとわかったら、その仕事はもらえなかったに違いない。曾祖父の設計した溶鉱炉を目の前にして、私はだんまりを決めこんだ。運命というのは、たまにこのような悪戯《いたずら》をするらしい。

脱線して個人的な昔話をしているようだが、もちろん、これはエッセイではない。脱線したふりをしていて、それなりに相対性理論の準備になっている。

さて、量子論については、第3章にゆずることにして、ここでは、もう一つの問題、マックスウェル方程式とニュートン方程式の食い違いを見ることとしよう。

この食い違いというのは、要するに、「場」という考えをもとにしたマックスウェルの電磁気学が、ニュートン力学と相容れない、という困った状況だ。その食い違いのもとは、

マックスウェルの電磁気学＝近接作用
ニュートンの古典力学＝遠隔作用

という原理の違いによる。近接作用というのは、伝言ゲームのようなもので、次々と隣に影響が伝わっていくが、一足飛びに遠くまで力が伝わることはない。「場」というのは大きさのない点の集まりなのだが、その点から点へ、徐々に力が伝わるのである。これは、地震が起こってから、徐々に地震波が周囲に伝播《でんぱ》するのと同じこと。ただし、電磁波は横波だけなので、その伝播速度は光速に限られる。

ダイアローグ　縦波と横波と電磁波

プラトンの昔から対話によって「知」を解説する風習がある。ご多分に漏れず、この本でもポイント解説を対話形式でやってみたいと思う。

といっても、いきなり顔の見えない甲乙とかＡＢが登場しても読者は途方に暮れてしまうに違いない。そこで、ちょっと登場人物たちを紹介しておこう。

まずは玲子。

髪の毛はボサボサ頭で、もちろん茶色に染めている。どう見てもスヌーピーの友だちのウッドストック状態で、頭が爆発しているのだが、そんなことを口走ったら殺される。とりあえず、「ナチュラルな髪だね」と誉めておこう。１９７０年代のフラワーパワー系の白いシャツに短いベルボトムのジーンズ。竹馬のような底の高い靴を履《は》いている。やれやれ。

よくよく見ると、鼻筋の通った和風美人。もっとも、目は大きく、えくぼがかわいい。年齢は、うーむ、これは公表できないが、20代後半というところか。学生なのかＯＬなのか正体は不明。

次に竹内。

それって、もしかしたら、この本の筆者のこと？

うっかり「はい」と答えようものなら、「それじゃあ、玲子って誰なのか。どういう関係なのか？」と、きな臭い質問が出てくるに違いないので、「いいえ」と答えておこう。

竹内は、かなり太っていて、よれよれの背広を着ている。顔は、なんといったらいいか、印象が薄くて、目がつり上がっている。よく外国の漫画家が描くお相撲さんみたいですね。年齢は40歳くらいか。

というわけで、男の描写にはあまり興味がもてないので、場所の説明に移ろう。

周囲を見回すと、すぐ下が線路になっていて、シャレた建物が散在している。なんだか外国のリゾート地みたいだ。近くにはお城みたいなレストランがあり、巨大なビルがあり、ホテルもある。そう、もうおわかりのように、これは東京の恵比寿らしい。でも、フィクションの世界の恵比寿だから、対話の最中の二人以外に人はいない。ＳＦ的な雰囲気なのだ。

今、夏の午前中の涼しい風の中、二人はオープンカフェのパラソルの下に座ってブランチを食べ終わったところのようだ。竹内はビールのせいか顔がタコのように真っ赤だが、玲子は涼しげな表情である。

――――

玲子「なんで電磁波は横波だけなの？」

竹内「一言で言うと、電磁波が光速で伝わるから。横波というのは、波の振動方向が進む方向と直角だが、縦波は、波の振動方向が進む方向と同じなんだ」
玲子「蛇がニョロニョロ進むとき、からだを左右に振るのが横波の例ね」
竹内「まあ、そんな感じだね。じゃあ、縦波は？」
玲子「そうねえ、尺取り虫かしら」
竹内「ま、いいか。それで、尺取り虫が尺を取りながら進むとして、尺を取った瞬間は、一気に前に出るだろう？」
玲子「ええ」
竹内「ということは、縦波の場合、波の平均的な進行速度よりも速くなる瞬間があることになる」
玲子「電磁波の場合、もしも縦波だとすると、瞬間的に光速を超えてしまうわけ？」
竹内「そうなるね。まあ、尺取り虫よりもふつうのバネを連想したほうがいいと思うし、かなり比喩的な理解ではあるけどね」

なにやら意味不明の会話ですみません。解説いたしましょう。
光速は、およそ30万km／秒という猛スピードで、これは、1秒で地球をぐるぐる7回半も回ってしまうくらい速い。だが、あくまでも有限の速度である。マックスウェルの理論では、力は、光速で伝わる。

ところが、ニュートンの力学では、宇宙の果ての星からの重力が、一瞬にして伝わるのである。だから遠隔作用という名前がついている。つまり、あるとき神様が宇宙のスイッチを入れると、とたんに全宇宙に重力がみなぎるのである。ニュートンの力学では、力は一瞬にして伝わる。つまり、伝播速度が無限大なのだ。

重力に限らず、ニュートンの世界では、力が伝わるのに時間がかからない。たとえば、初等力学の教科書に必ず出てくる「剛体」。英語ではリジッド・バディ（rigid body）。その名のとおり、コチコチのダイヤモンドみたいなイメージで、押しても引いても歪んだりしない。だから、長さ1000㎞の剛体でも左端をちょいと押すと、その力は、瞬時にして右端に伝わることになる。孫悟空の如意棒のように、千里の彼方の敵を一撃で倒すことも可能だ。なにしろ、相手は構える暇さえない。剛体に加えられた力は、時間差なしで相手を打ちのめす。

さて、物理学というのは、要するに《宇宙の森羅万象の統一的な描像》を得ようという試みにほかならない。一方では、力が有限の速度で徐々に伝わって、他方、無限の速度で瞬時に伝わるのでは、とてもじゃないが統一的な描像とは言いがたい。

そこで、登場したのがローレンツであり、フィッツジェラルドである。

ローレンツやフィッツジェラルドは、ある意味で、アインシュタインの先駆者であり、二人とも相対性理論に肉薄していた。その証拠に、特殊相対性理論の変換式には「ローレンツ変換」という名前がついているし、特殊相対性理論に特有の現象には「ローレンツ＝フィッツジェラルド収縮」という名前がついているほどだ。

だが、二人は肉薄したけれども、ついに相対性理論に到達することはなかった。相対性理論の誕生には、アルバート・アインシュタインという天才の閃きが必要だったのだ。

それでは、ローレンツやフィッツジェラルドたちの考えとアインシュタインの考えは、いったいどこが違うのだろうか？

それは、一言で言うならば、

絶対空間の処理策

にある。

●ローレンツとフィッツジェラルドとアインシュタインの違い

経済が大混乱して恐慌などと騒がれるご時世など、困った問題が生じたときには、いろいろな人がいろいろな処理策を提案する。従来の枠組みを温存して、ソフトランディング（軟着陸）をもくろむ人々もいれば、手荒なハードランディングを主張する人々もいる。

ニュートン力学の根本にある絶対空間という枠組みをどうすべきか？　この問題に直面したとき、ローレンツやフィッツジェラルドは、絶対空間を保持しつつマックスウェル方程式との共存をはかる穏便な道を選んだ。そして、アインシュタインは、絶対空間の考えを捨てるラディカルな道を選んだ。

この二つの道の違いは、速度の解釈にある。光速をc、速度を英語の velocity の頭文字をとってvで表すことにすると、違いを次のようにまとめることができる。

ローレンツやフィッツジェラルドの考え

剛体が動くと、千里の彼方まで瞬時に力が伝わって光速を超えるのがまずいのだ。だから、力の伝わり方が光速以下になるように、動いている棒が縮めばいい。絶対空間に対して静止しているエーテルを基準に考えよう。エーテルに対して速度vで動いている棒は、$\sqrt{1-(v/c)^2}$倍に縮むと考えればマックスウェルの考えと矛盾しない。

アインシュタインの考え

剛体なんてそもそも存在しない。動いている棒は縮めばいい。絶対空間も、それに対して静止しているエーテルもいらない。速度vで動いている棒は、$\sqrt{1-(v/c)^2}$倍に縮むと考えればマックスウェルの考えと矛盾しない。ただし、そのvは、物と物どうしの相対速度にすぎない。

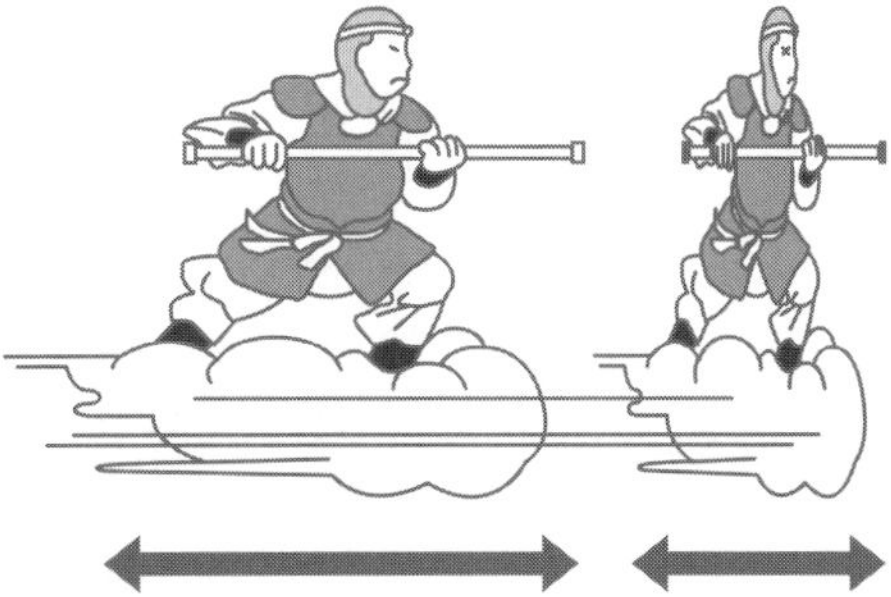

図1-2　觔斗雲《きんとうん》で高速で飛ぶと縮む孫悟空

アインシュタインの考えを検討する前に、まず、ローレンツやフィッツジェラルドの考えを見ることにしよう。

そう、たしかにこの二人の考えた解決策は、すばらしい。力が伝わる動きに応じて、剛体が縮むと考えれば、どんなにがんばっても光速より速くは力が伝わらないから、ニュートンとマックスウェルが両立可能になるかもしれない（図1-2）。

実は、この画期的な着想は、マイケルソンとモーレーの奇妙な実験を説明するために出てきた。

卑近なアナロジーで考えるならば、マイケルソンとモーレーは、川を横切る渡し船のような実験をやったのである。地球はエーテルの中を速度vで動いている。地球上にいるわれわれからすれば、エーテルが反対方向に速度vで流れているように感じるはずだ。速度vで流れる川の水が速度vで流れるエーテルにあたる。下流に流されずに川を横切る船の（絶対的な）速さcが光速cにあたる。

流れる川の速度v＝エーテルの速度v
渡し船の速度c＝地球表面で発せられた光の速度c

船が川下か川上に進んでいるとしよう。川下に進む場合は（$c+v$）の速さなのに、川上に向かう場合は（$c-v$）になってしまう。むろん、止まっている川岸（地球）を基準にして、である。次に、流されないように川を真横に横切る場合、船首を斜めに川上のほうに向ける必要があるので、船が横に進む速さは、$\sqrt{c^2-v^2}$になる（ピタゴラスの定理により、斜辺cの2乗から底辺vの2乗を引き平方根をとればいいから）。

マイケルソンとモーレーの実験（MMの実験）は、エーテルに対して地球が速さvで公転する東西方向と、それに直角な南北方向とで、光の到達時間がどう変化するかを測ってみたものだ。すると、大方の予想を裏切って、差はほとんど検出されなかった（図1-3）。

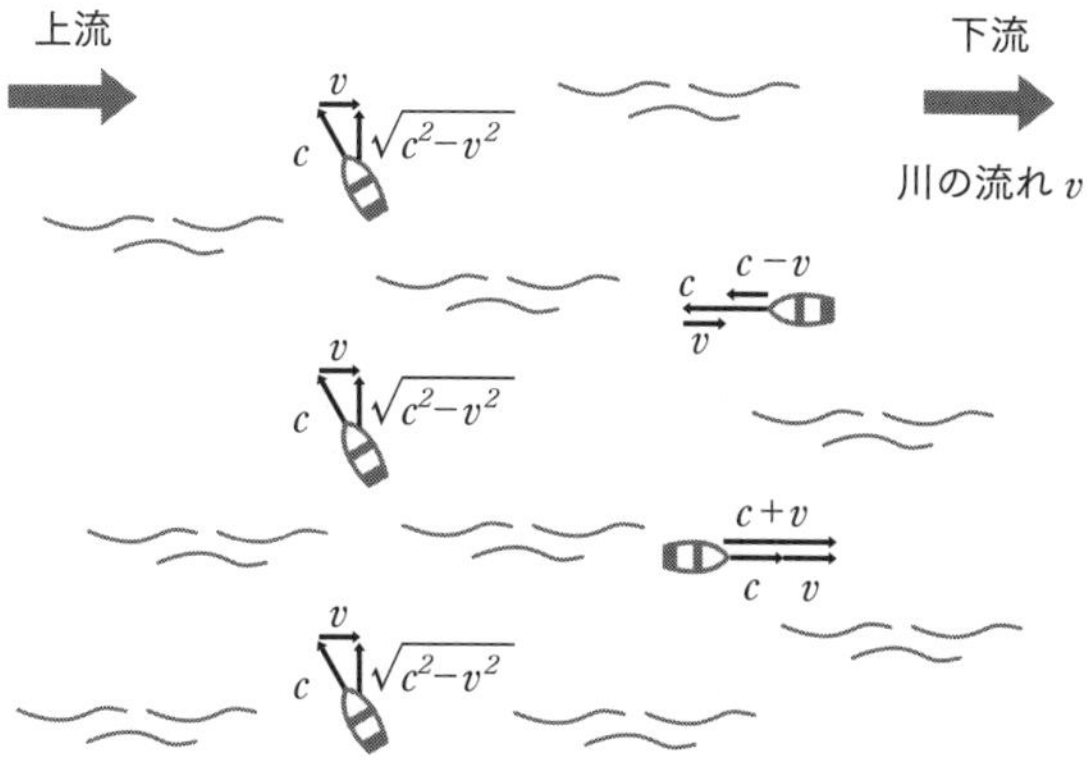

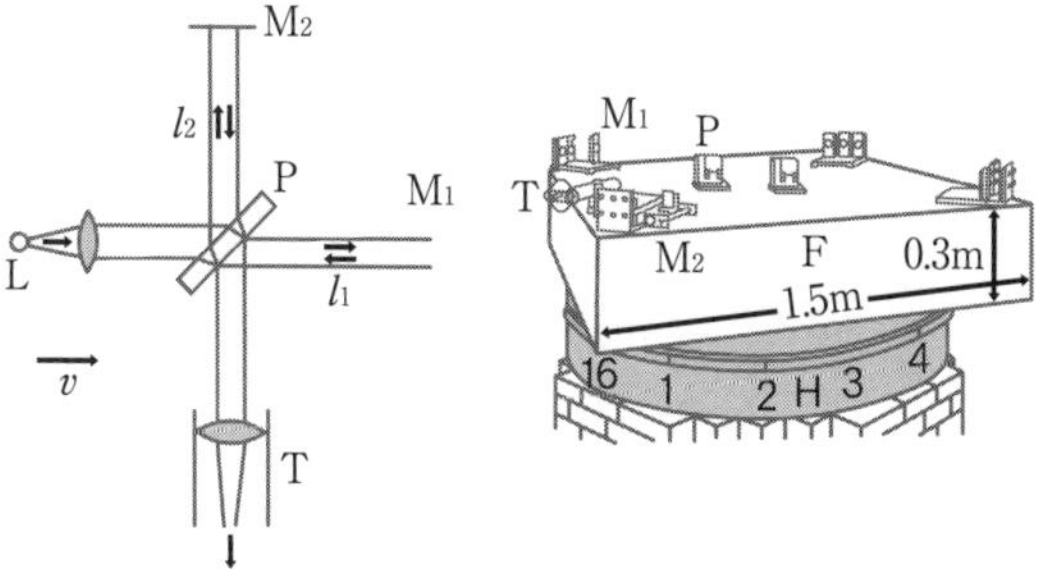

L：ナトリウム・ランプ、P：銀をうすくメッキしたガラス板、M1,M2：反射鏡、T：望遠鏡　装置は四角形の石の台 F の上に組み立てられており、全体が円輪形の水銀の溜まり H の上に浮いていて、なめらかに回転できる。

図 1-3　川と船、および実際の MM の実験の図（『相対論』平川浩正著、共立出版より）

マイケルソンとモーレーの結論：光速はエーテルに対する速度の影響を受けない

そこで、ローレンツやフィッツジェラルドは、マイケルソンとモーレーの使った測定器自体が、東西方向に$\sqrt{1-(v/c)^2}$倍に縮んだために、あたかも光速が不変なように見えたのだ、と考えたわけ。本当は、光の速度は、行きが（$c+v$）で帰りが（$c-v$）なのだが、装置の長さが東西方向に縮んだために、南北方向との差が検出されなかった、というのである。

ローレンツやフィッツジェラルドだけでなく、当時の物理学者たちは、どうしても、「絶対空間に対して静止しているエーテル」という考えを捨て去ることができなかった。

なぜか？

当時の人々の意識の奥深くまで立ち入ることは不可能だが、そこにはおそらく、絶対空間を「証明」しているいくつかの現象の存在があったのだと思う。その一つは、フーコーの振り子であり、もう一つはニュートンのバケツである。

●フーコーの振り子は絶対空間を指し示す？

巷《ちまた》の科学博物館に行くと、そこには巨大な振り子が展示してある。

「フーコーの振り子」というのは、その回転面が時間とともに回転する振り子。というと何がなんだかわからなくなるが、要するに、ジャイロスコープのようなもので、地球の回転というローカルな現象に惑わされずに、つねに宇宙の一定方向の星座を指しながら振れている（**図1-4**）。

これは、考えようによっては、絶対空間を基準にして振れているのだとも言える。この広大な宇宙のど真ん中に宇宙の基準点があって、それは絶対的に静止している。その絶対静止点を基準にして、フーコーの振り子は振れる方向を決める。いくら足もとの地球が回転しても、フーコーの振り子は、絶対空間に対して同じ姿勢で振れ続ける。

地球は上から見て（つまり北極から見て）反時計回りに回転している。北極でフーコーの振り子を観察すると、それは24時間かけてゆっくりと時計方向に回転する。

ただ、これは、回転する地球にへばりついている人間の目からは、あたかもフーコ

図1-4　フーコーの振り子（写真提供／国立科学博物館）

ーの振り子が時計回りに回転しているように見えるだけの話であって、地球の外から観察しているETからすれば、

「回っているのは、地球人よ、お前たちのほうなのだ。フーコーの振り子は回転していないぞよ」

ということになる。

初等力学の教科書では、フーコーの振り子を時計方向に回転させようとするのは、「コリオリの力」とよばれる見かけの力だと説明してある。回転する系には、コリオリの力や遠心力といった、見かけ上の力が生じる。

だが、見かけ上の力というからには、本物の力もあるのだろうか。本物の力と見かけの力とはどうやって区別するのだ？

初等力学では、とりあえずニュートンの絶対空間を認めて、その絶対空間に対する力が本物で、そうでない加速系から見える力を見かけの力とよぶのである。フーコーの振り子は、絶対空間から見れば一定方向に振れている。だが、回転している加速系の地球からは、コリオリの力という見かけ上の力を受けてフーコーの振り子は回転して見える。

いずれにしろ、なんと、糸に重りをぶらさげて振り子にするだけで、絶対空間の存在が「証明」できてしまった！　おお、神よ、あなたはなんと偉大なのだ！　あわれなる下僕、われわれ

人間が、神の英知に気づくことができるように、振り子を用意してくださったのですね！　当時の人々は、そう考えた。

●ニュートンのバケツも絶対空間を証明する？

さて、100年前の人々が、絶対空間の「証明」と信じて疑わなかった現象に、もう一つ「ニュートンのバケツ」がある。これは、水の入ったバケツの取っ手にひもを結わえて、ぐるぐる回転させてやるもの。ある程度、ひもがねじれた時点で手を離すと、バケツは回転を始める。水は、次第に遠心力によって周囲に飛び散ろうとするが、バケツの壁にはばまれて、周囲が盛り上がる。水面は、回転の中心で低く、外にいくほど高く盛り上がる。

水は、バケツと一緒に回転しているので、もちろん、バケツの壁に対して盛り上がっているわけではない。

イイデスカ、ココが重要なところですゾ。

水は、どこかに対して盛り上がるのである。そのどこかは、いわば基準点である。そのような基準点がなければ、水は、どの方向にどれくらい盛り上がっていいかわからない。

すなわち、バケツの水が盛り上がることから、宇宙のどこかに絶対基準点があることがわかる。そう、絶対空間は存在するのだ！（図1-5）

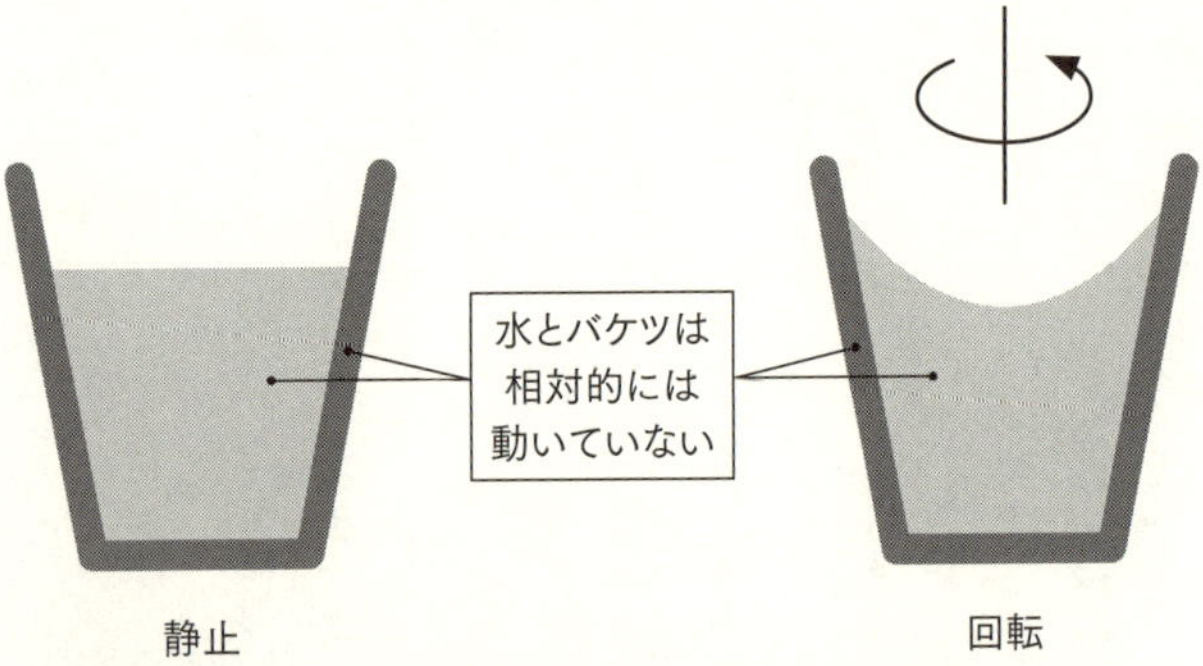

図 1-5 ニュートンのバケツの図 回転しているときでも、水とバケツは相対的に動いていないにもかかわらず、水面は盛り上がる。

ニュートンのバケツは、どこかにある絶対的な基準点を示すという点で、フーコーの振り子と似ている。フーコーの振り子はコリオリの力で、バケツは遠心力だが、こういった見かけの力が生ずることから、逆に、見かけの力の生じない絶対空間の存在がわかるというのである。

ニュートンのバケツの「証明」は、『プリンキピア』に出ている。聖書についで信頼の厚かった科学のバイブルに出ているのだから、当時の人々が、絶対空間の存在を疑わなかったとしても不思議ではない。

ダイアローグ　ニュートンは科学者だったのか

竹内「現代は科学の時代だ。大学や研究所や企業に勤める科学者の数は数え切れない。そして、ギリシャの科学とか科学者ニュートンという言葉になんの違和感もない。だが、科学という概念が哲学から分かれたのは、ここ数百年のことにすぎない。ニュートン自身の代表作である『プリンキピア』（1687年出版）は、ラテン語で、『Philosophiæ Naturalis Principia Mathematica』すなわち『自然哲学の数学的諸原理』となっていて、本人はあくまでも哲学をやっているつもりだった」

玲子「じゃあ、ニュートンは神を信じていたのかしら？」

竹内「おそらくね。ただし、ニュートンの頭の中にあった神のイメージは、人間の顔をした宗教画のイメージとは大きく異なると思うけどね」

玲子「ニュートンが錬金術に凝っていたって本当かしら？」

竹内「凝っていた、という表現はどうかと思うよ。だけど、錬金術を研究していたことは科学史の研究から明らかだ。でも、現代人の発想で見てはいけないのであって、当時としては、いろいろやってみることはごく当たり前の知的な営みだったんじゃないかな」

玲子「科学の語源は？」

竹内「science の語源は、ラテン語の scientia、つまり『知識』という言葉だ。日本語の『科学』は明治時代に作られた。哲学が物理や生物や化学など、さまざまな分野に分かれていたから、分科の学、という意味で『科学』となったらしい」

●マッハ登場！——「絶対空間などいらない」

ここに、うるさ型のオーストリア人、エルンスト・マッハが登場する。マッハは、アインシュタインに大きな影響を与え、相対性理論の哲学的な基礎を提供した。いろいろな文献にあたってみると、当時の物理学者の多くが、マッハの力学の教科書に感銘した、と書き残している。

アインシュタイン自身は、こんなふうに述べている。

「マッハの批判が、その本質においていかに健全であるかは、次の類推から特にはっきり理解することができる」

（『自伝ノート』アルベルト・アインシュタイン著、中村誠太郎・五十嵐正敬訳、東京図書）

この発言の後、アインシュタインは、地球の表面の一部しか知らず、星も見ることができないような状況に置かれたら、人は、地球が平らで、重力のはたらく上下方向が特別な方向だと結論づけるに違いない、という例を挙げている。もちろん、その類推は誤りである。それと同様、ニュートンの絶対空間の類推も根拠がない、というのである。

あるいは、親友マルセル・グロスマンとの共著論文でも、

「慣性は質点の他のすべての『質量』との相互作用から生じるというマッハの大胆な考え」

（『神は老獪にして…』アブラハム・パイス著、西島和彦監訳、金子務・岡村浩・太田忠之・中澤宣也訳、産業図書）

とマッハを持ち上げている。

しからば、アインシュタインをこれほどまでに感動させたマッハの大胆な考えとは何なのか？

それは、マッハ自身の言葉によれば、

「物体は空間内でその運動方向と速さを保存すると言うとき、それは宇宙全体に関係づけよ、と

いう命令の簡潔な表現なのである」

（『マッハ力学　力学の批判的発展史』エルンスト・マッハ著、伏見譲訳、講談社）

ということであり、幽霊のような絶対空間の代わりに、具体的な宇宙全体の質量分布をもってくるのである。ニュートンのバケツは、エーテルの中でどこにあるかわからない絶対空間（基準点）に対して回転しているのではなく、宇宙全体の星や星間ガスなどの質量の分布によって決まる重心に対して回転しているのであって、その分布が変われば、回転のようすも変わるというのである。

そう、マイケルソンとモーレーの実験によって、エーテルに対する速度が無意味なことはわかっていた。それならば、いっそのこと、

「エーテルなんかいらない！」

と言ってしまえばよかったのだ。フーコーの振り子もニュートンのバケツも、宇宙全体の具体的な星たちの質量分布に対して「相対的」に動いていると考えればよかったのだ。だって、重さもなくて目にも見えないうえに、速度にも影響を与えないエーテルを仮定する意味なんかないではないか？

●天動説vs.地動説——それは「絶対」と「相対」の違い

ちょっと脱線する。

絶対空間と相対空間のせめぎあいは、ちょうど、天動説から地動説への飛躍と同じだ。われわれは、今どき天動説を唱える人がいるとおおいにバカにするが、よくよく考えてみると、何か変だ。そう、天動説のどこがいけないのだ？　地球を基準に考えて、天が動いていてもいいじゃないか？　単なる座標変換の問題ではないのか？

確かに、哲学的には、天動説と地動説のどちらがベターということはない。個人の趣味の問題にすぎない。だが、科学的には、大きな差がある。確かに天動説でも、複雑な周転円を導入することにより、天体の運動は説明がつく。だが、残念なことに、天動説には、余計な仮定が必要なのだ。

天動説で火星の運行を記述する場合、地球の周りに「誘導円」とよばれる大きな円があって、さらにその誘導円の円周上を動く小さな「周転円」上を火星が回るのだと考える。遊園地の回るコーヒーカップみたいに、全体が回っていて、その中のカップも回っているような描像だ。ところが、この誘導円と周転円、それぞれを同時に10倍の大きさに拡大しても、地球から見ているかぎり、何も変わらない。つまり、誘導円と周転円の大きさの比率だけが重要なのであって、誘導円の実際の物理的な大きさを決めることはできない。

喩《たと》え話なのに、深入りしすぎてごめんなさい。でも、この話、けっこう教訓的なのだ。知っていて損はしない。

頭がこんがらがった読者のために、もうちょっと補足しよう。

いいですか。天動説では、火星までの距離が決まらないのだ。というより、火星への実際の距離は任意のパラメーターなのである。地球から観測しているかぎり、その距離はわからない。誘導円と周転円の比率だけ保っていれば、スケールが100倍になっても火星の見え方は変わらないからだ。

土星についても、土星の誘導円と周転円の比率だけが重要なのであって、誘導円の大きさは任意のパラメーターだ。他の惑星も同様。

だから、天動説では、各惑星ごとにバラバラの大きさの誘導円を考えても観測と一致させることができる。任意のパラメーターが惑星の数だけ必要になるわけ。早い話が、土星のほうが火星よりも地球に近くたって問題ない。というより、観測からはどっちが遠いか決められない。

それに対して、地動説はどうかというと、太陽を中心にして、各惑星の軌道半径の比が一つに決まってしまう。ただし、全体のスケールだけは、もちろん任意のパラメーターだ。全体が一律に100倍になっても、観測結果は変わらないから（図1-6）。

というわけで、天動説と地動説とでは、

天動説

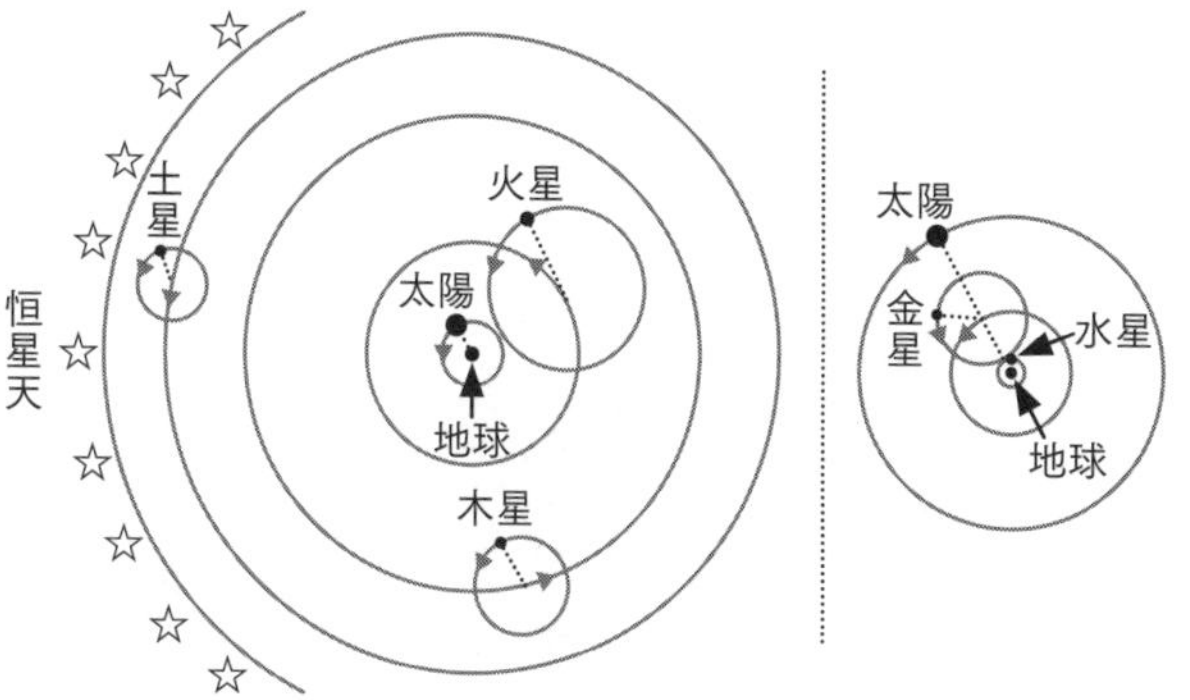

地動説

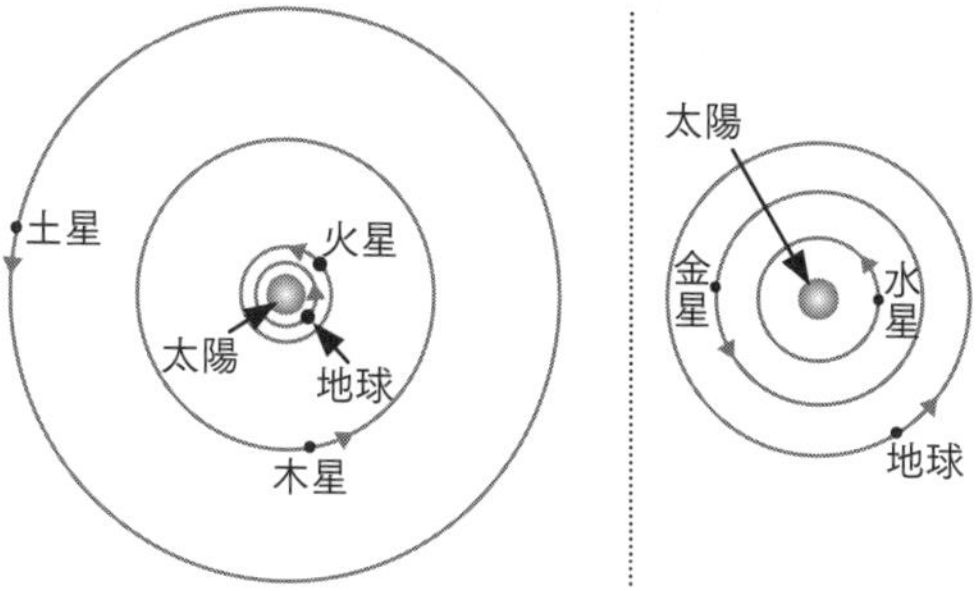

図 1-6　天動説（上）と地動説（下）の太陽系（『宇宙地球科学』杉本大一郎、浜田隆士著、東京大学出版会）

天動説＝惑星の数だけパラメーターが必要
地動説＝パラメーターは一つ（全体のスケール）

という大きな差があるのだ。つまり、余計な仮定を必要としない地動説のほうが明らかにベターなのである。

天動説と地動説の差は、ローレンツやフィッツジェラルドの説とアインシュタインの説の差と同じだ。任意のパラメーターにあたるのが、絶対空間（エーテル）に対する速度。絶対空間は、天動説の誘導円みたいなものだ。だから、あってもなくてもいいのである。太郎の絶対空間に対する速度、次郎の絶対空間に対する速度、と言う代わりに、太郎と次郎の相対速度、と言えばいいのだ。そのほうがカンタンである。

どの物理理論がすぐれているか、という判定の決め手は、実のところ「どれくらいムダな仮定を省くことができるか」にある。どっちでもいいのなら、より簡単なほうがいいに決まっている。もしも余分な仮定を厭《いと》わないのであれば、そもそも理論なんていらない。

ローレンツやフィッツジェラルドの説＝絶対空間を仮定するため光速は不変でない

アインシュタインの説＝光速を不変にしたので絶対空間はいらない

つまり、アインシュタインの相対性理論のほうが、幽霊のような無用の長物であるエーテルを仮定しない、という意味で単純であり、ベターなのだ。ピリオド。

ダイアローグ　相対性原理とは?

玲子「相対性理論について説明してほしいわね」

竹内「ごめん、ごめん。相対性理論の理論的な枠組みについては、きちんと説明しなかったね。もちろん、光速度不変の原理だけでは相対性理論はできあがらない。もう一つ、相対性原理というのが必要だ」

玲子「一言でいうと?」

竹内「物理学の方程式は、太郎から見ても次郎から見ても同じ形をしているべきだ」

玲子「そんなの当たり前じゃない。人によって方程式が違うんでは、物理法則とはいえないから」

竹内「そうだよね。でも、相対性原理を守りながら、光速も不変にするのは難しいわけ」

玲子「そっか、両立させたのがアインシュタインの偉いところなんだぁ」

竹内「実際、ニュートン力学では、太郎と次郎の立場（座標）が、

$$x_{太郎}=x_{次郎}+vt$$

となるが、これは、『ガリレオの相対性原理』とよばれていて、ニュートンの運動方程式の形を不変にする」

●「観測者」は誰か？

相対性理論を学ぶ人が誰でも抱く素朴な疑問に、次のようなものがある。

動く棒が縮む縮むというが、本当に縮んでいるのか、それとも、そう見えるだけなのか？

この本は、相対論のさまざまなパラドックスとその解決法について書いているわけではないので、あまり概念的な問題に深入りするつもりはないが、ローレンツ収縮についてだけ、ちゃんと

答えをお教えしよう。

たとえば、太郎と次郎が相対速度vで互いに遠ざかっているとしよう。この場合、特殊相対論によれば、「動く物体は$\sqrt{1-(v/c)^2}$倍に縮む」のだが、いったい、どっちが縮むというのだ？太郎から見れば次郎が動いているのだから、縮むのは次郎のほうだろう。だが、次郎から見れば太郎が動いているのだから、縮むのは太郎のほうだろう。あるいは、本当に止まっているのは地球であって、太郎も次郎も動いているから、二人とも縮むのか？　でも、地球だって太陽を動いているではないか。そして、太陽だって、銀河系の中を動いている……。えーい、わからん！

結論から言うと、この問題の答えは、次のようになる。

太郎から見れば次郎が縮む
次郎から見れば太郎が縮む

特殊相対論にはエーテルも絶対空間もない。絶対速度もない。あるのは相対速度だけ。そして、太郎や次郎といった観測者たちは、誰が特別なわけでもない。みんな相対的なのだ。だから、誰が縮むかについても、意見は相対的で、唯一縮む人が誰かを問うことに意味はない（一般相対論で重力や加速度が入ってくると、話は変わる。念のため）。

つまり、太郎でも次郎でも地球でもいいが、ある物体を基準として選ぶと、その基準物体に対して動いているものは何でも縮むのである。

だが、またまた素朴な疑問が出てくる。


でも、太郎に対して次郎が縮んで、次郎に対して太郎が縮むのであれば、互いにどんどん縮んで、しまいにはなくなってしまうではないか！


もっともなご意見ではあるが、こういった無限の循環は起こらない。なぜなら、太郎に対して次郎が縮むのは、あくまでも太郎の視点からの話なのであって、その太郎の視点から見ているかぎりは、太郎自身は縮むことなどないからだ。相対論では、つねに「誰の視点から見ているのか」を明示する必要があるのだ。

さて、それでは、ローレンツ収縮というのは、本当に物理的に縮んでいるのではなく、そう見えるだけ、つまり、見かけの現象なのだろうか？　一種の錯視のようなものなのだろうか？

イエス、と言って、読者に「ああ、よかった、それなら話がわかる」と言ってもらいたいのはやまやまだが、答えはノーである。正しい答えは、次のようになる。

（特殊）相対論では、もはや、本当と見かけの区別は無意味となる

いいですか。ここは、相対論を理解できるか否かの瀬戸際なのです。相対論というのは、単なる数式の羅列ではない。単なる計算ではない。相対論は、数式を「解釈」して意味を与えて、初めて理論だといえる。だから、その意味を正しく理解できなければ、相対論がわかったことにはならない。相対論が生まれて1世紀以上が経とうというのに、多くの人がいまだ相対論を理解できないでいるのは、入門書の多くが、数式と計算ばかり並べていて、その意味をきちんと説明してこなかったからだ。

絶対空間と同じで、われわれは、ともすれば、「本当」とか「真相」が存在すると思い込んでいる。だが、われわれの実生活においても、「真相」というのは、かなりいい加減なものである。たとえば、刑事裁判の被告が本当に殺人を犯したのか、人によって見方は違う。

「でも、少なくとも、犯人と被害者だけは、真相を知っているだろう」

と言われるかもしれない。だが、犯人が自分で殺したと思っていたら、実は、現場に後からやってきた別人が被害者にとどめを刺した、なんてこともある。絶対的な真実は、結局のところ、神のみぞ知る、である。

絶対空間を排して、物事を相対的に考える相対論は、神様しか知らない事件の真相解明ではなく、裁判における検察と弁護人と陪審によって見方が違うけれども、それでいい、という立場をとる裁判制度のようなものだ。

この問題は、科学哲学者のほうが明快な解説をすることが多い。特殊相対論は、哲学でいうところの「認識論」に革命を起こした。だが、それが革命であるとわかるためには、古い認識論を知らないといけない。アインシュタイン自身、マッハとヒュームの著作を大いに参考にした、と自伝に書いているが、理論物理学は哲学と無縁ではない。

ニュートン力学を基礎づけたのがイマニュエル・カントであることは有名だ。だから、ここで言う「古い認識論」とは、カントの認識論のことだと思ってもらっていい。それがどういうものなのか、深入りはしないが、一言で言えば、

万人に共通の絶対的な真相の認識がある

という立場で、ニュートン力学を哲学的に正当化したのだと思ってください（哲学が好きな読者は、拙著『シュレディンガーの哲学する猫』のファイヤアーベントと廣松渉の章もご覧いただきたい）。

アインシュタインの相対性理論の哲学的な基礎づけは、たとえばエルンスト・カッシーラや廣松渉によって行われている。その基本的な立場は、

個々人の相対的な「真相」の認識しかない

というものだ。太郎にとっての「真相」は、「次郎は縮む」というもの。次郎にとっての「真相」は「太郎は縮む」というもの。人によって「真相」は違う。

この二人の見解に矛盾があるかどうかは、古い認識論の立場をとるか、新しい認識論の立場をとるかによって変わってくる。古い認識論に固執するのであれば、確かに矛盾する。その場合、相対性理論は間違っていることになる。でも、古い認識論は捨てるべきである。なぜなら、実験事実を説明できないから。そして、新しい認識論を採用するのであれば、どこにも矛盾はない。

つまり、相対論を理解するためには、思考の枠組みを切り替えないといけないのである。

最後に、廣松渉の文章を引用しておこう。Lは長さでTは時間だ。

古典的な発想に囚われている者は、「空間の収縮」とか「時間の伸長」とか言っても、それは見掛上のことにすぎないであろう、と考えたがる。客観的な長さは運動状態などとは無関係に一

定不変のはずだ、云々。（以下略）

（中略）

ここではもはや、系S内部での測定値LやTと系S′からの測定値L′やT′とのどちらが本当の客観値であるのかという設問そのものがナンセンスと化するような事態になっている。（以下略）

（『哲学入門一歩前』廣松渉著、講談社現代新書）

哲学の認識論を勉強しないと理解できないとは恐れ入ったが、実際、それがネックとなって、現在でも相対論には多くの誤解がまかりとおっている。

この事情は、太郎とか次郎という具体的な観測者を抜きにして事件を語ることが無意味だ、ということでもある。絶対的に正しい客観的な（孤立した）事実など存在しないのである。つねに、観測者と事件をセットで考える必要がある。だから、「棒は縮むか」というのは無意味な設問だ。「太郎から見たら棒は縮むか」という具合に、「観測者」を指定しなければいけない。

よく、客観的、主観的という言葉が使われるが、相対性理論の認識論は、太郎、次郎、ジャンヌ・ダルク、聖徳太子など、大勢の主観がそれぞれの立場で事件を見るため、「共同主観」という言葉が使われる。哲学的には、ニュートンの客観的世界観から、アインシュタインの共同主観的世界観へという事態なのである。

特殊相対論をきちんと理解するためには、根底にある哲学を理解したうえで、最低限の計算ドリルをやる必要がある。どちらが欠けても、本当に相対論を理解することはできない。

●「去り往く次郎の背中」はどう見えるか

あーあ、疲れた。復習かと思ったら騙された！　そんな読者のぼやきが聞こえてきそうである。

すでに第1章の終盤に来てしまったが、ようやく、サー・ペンローズの話に入ることができる。覚えていますか？　ロジャー・ペンローズの話です。前座が終わって、みなさんお待ちかね。いよいよ真打ちの登場だ。

哲学的には「本当」と「見かけ」は区別できないことを強調してきた。

こんどは頭を切り替えて、人間が実際に目を使ってローレンツ収縮を見たらどうなるかを考えよう。たとえば、太郎にとって次郎は縮んでいる。太郎は、そう認識する。そこまではいい。だが、一つ問題があるのです。

ローレンツ収縮というのは、動く方向に縮むのであるが、それは、太郎の場合、視線方向に縮むということなので、実際に目で見ることはできないのだ！

太郎は、自分から去り往く次郎の背中を見ている。そして、太郎にとって、次郎は運動方向に縮んでいる。つまり、身長も肩幅も変わらないが、前後の厚さが$\sqrt{1-(v/c)^2}$倍に縮んでいるのだ。でも、それは太郎には見えない。次郎の背中を見ていてもわからない。

もっとも、次郎は太郎に背を向けて走り去る必要はない。太郎の目の前を左から右に通りすぎてもいい。そういうシチュエーションでも、太郎は次郎が進行方向に縮む、と認識する。

いいですか、気をつけてほしい。太郎が「認識」するというのは、かなり微妙な表現だ。それは、物理学的には、

「相対性理論を使って計算するとつじつまが合う」

ということである。次郎のからだの厚さが$\sqrt{1-(v/c)^2}$倍に縮むと「認識」すると、光速が一定であることや相対性原理、さらにはマイケルソンとモーレーの実験などと矛盾しない、という意味だ。

だが、「認識」することと実際に「見る」ことは違う。太郎の目に、実際にどのような映像として次郎の体形が映るのかは、認識とは別問題だ。

物理学者たちは、１９０５年に特殊相対性理論ができてから54年間も、次郎の体形がどう太郎

の目に映るのか、突き詰めて考えたことがなかった。それは、暗黙のうちに「認識イコール見え方」と思い込んでいたからだ。

でも、ペンローズは違った。彼は、この一見、当たり前の「縮んで見える」ことを実際に計算して確かめてみた。すると、驚いたことに、計算結果は「縮んで見えない」ことを示していたのである。確かに、目の前を左から右に通過する次郎は、前後に縮んでいる。だが、それを見ている太郎の目には、次郎のからだは縮んで見えずに、回転して見えるのである。

ペンローズは、複素数の性質を使って、次郎ではなく球（ボール）がどう見えるか計算してみた。目の前を通りすぎる球は、確かに$\sqrt{1-(v/c)^2}$倍に縮んでいるが、それを目で見ると、球は球形のままで、何も起こっていないように見えるのである。それが、1959年の「相対論的に動いている球の見かけの形」（The apparent shape of a relativistically moving sphere, Proc. Camb.Phil.Soc.55,137-9）という奇妙な題の論文の内容だ。

ここでは、サイコロのような立方体が目の前を通りすぎるという設定で、サイコロがどう見えるか、考えることにしよう。といっても、次の点に留意するだけで事足りる。

見えるということは、物体から発せられた光が目に到達することもちろん、光が目に入って網膜にぶつかってから以降のプロセスは、生理学と脳科学の問題なので、ここでは追求しない。あくまでも物理的な問題に限定して説明する。物体から発せられる、といっても、無論、サイコロ自体が光り輝いている必要はない。太陽の光でも蛍光灯の光でもいい、光がサイコロを照らして、その反射した光が太郎の目まで届けばいいのだ。

この問題のポイントは、二つある。

ポイント①：動いているサイコロはローレンツ収縮で$\sqrt{1-(v/c)^2}$倍に縮んでいる

ポイント②：光は光速で飛ぶ

光速は、約30万km／秒だ。これは、ものすごく速いが、無限に速いわけではない。ということは、ある瞬間にサイコロの1点から発せられた光は、太郎の目に届くまでに、ちょっぴり時間がかかることになる。時間は距離を速さで割ったものだから、サイコロから太郎までの距離がわかれば、光が目に届くまでにかかる時間も計算することができる。

今は、計算するまでもなく、簡単な図を描いてみれば、サイコロの見え方がわかる（図1-7）。

縮んだサイコロを上から見て、四角形の角をABCDとする。ABが後面でCDが前面だ。こ

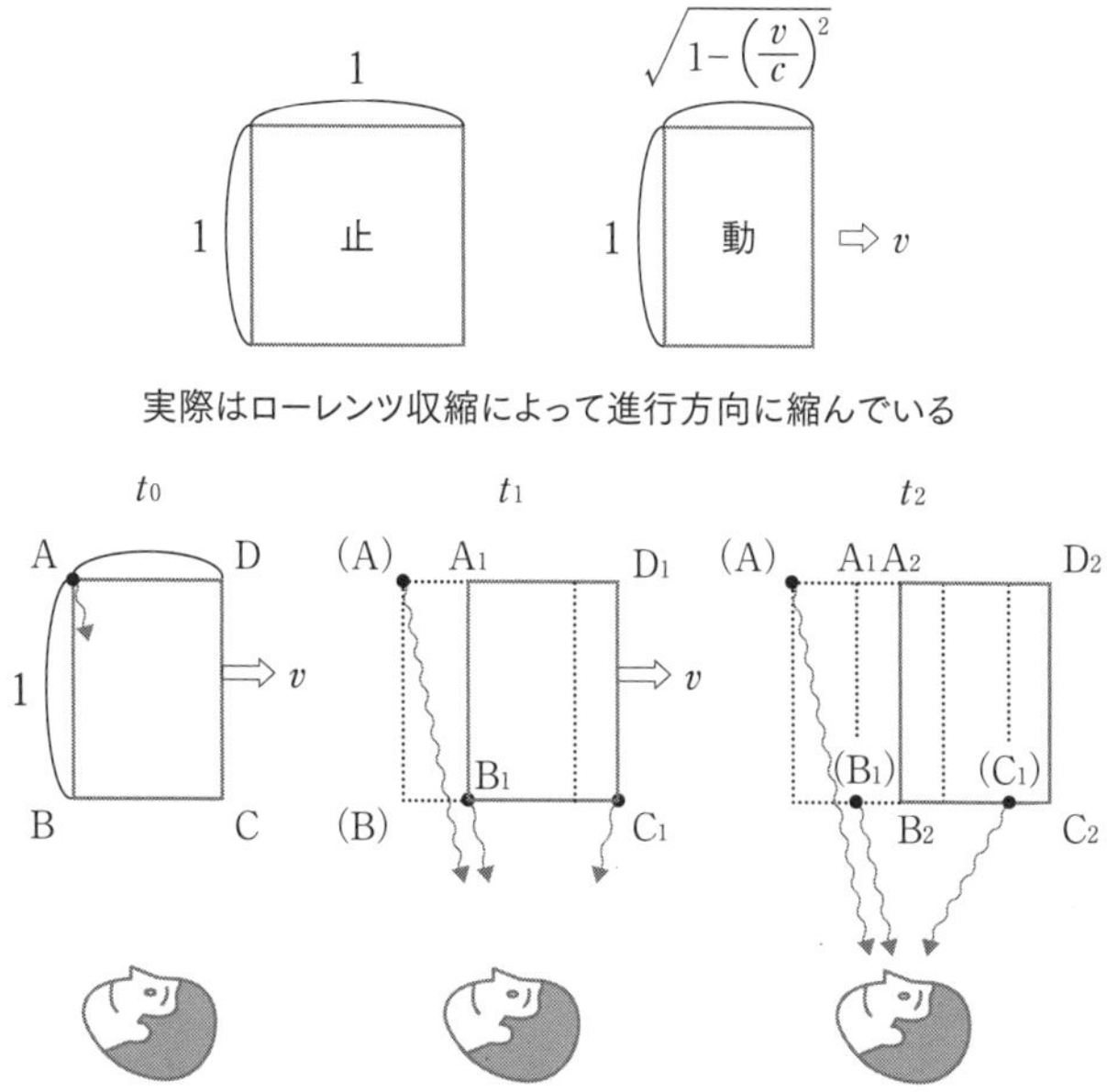

実際はローレンツ収縮によって進行方向に縮んでいる

図1-7　サイコロは縮んで見えず、回転しているように見える

の四つの点から出た光が光速で太郎の目に到達するのだが、その到着時間には差がある。AとDのほうが遠くにあるからである。Dは無視していい。なぜなら、サイコロは右に動いており、Dから出た光はサイコロが邪魔になって、太郎のほうには進めないから。

ある瞬間t_0にAを出た光がサイコロの側面BCの線まで到達するのに時間Tが経過したとすると、サイコロは、右にvTだけ進んでいる。その進んだ位置を$A_1B_1C_1D_1$と数字の1をつけて表すことにしよう。この状態で、AとB_1とC_1の3点からの光が、ヨーイ、ドンで太郎の目をめがけて飛んでくる。そして、時間t_2で同時に太郎の目に入る。つまり、太郎の目には、AとB_1とC_1の3点が同時に見えるわけだ。

実際は、この3点だけでなく、サイコロのあらゆる点からの光が太郎の目に時間差で届くわけだが、面白いことに、サイコロの側面と後面からの光が同時に太郎の目に到達するのである。ということは、太郎は、

$\sqrt{1-(v/c)^2}$倍に縮んだ側面B_1とC_1

と、それより距離vTだけ後ろにあるAとを同時に見ることになる。図1-7から明らかなように、それはあたかも、サイコロが「回転」して後ろの面が見えているかのような姿として太郎の目に映る。

結論：ローレンツ収縮と光速が有限であることの帰結として、目の前を通りすぎる物体は縮んでは見えず、「回転」しているように見える。

なんとも奇妙な話だ。サイコロは、実際には回転してはおらず、縮んでいる。でも、人間の目

には、見えないはずの後ろの面が見えてしまう。

サイコロの代わりに球を使えば、回転楕円体のように球が縮むのではなく、単に球が回転して見えるわけだが、もちろん、球は回転しても球の形のままなので、何も変化していないように見えるわけ。

警察のカメラの前を猛スピードで通り抜けたケン・モージャイのGT－Rは、ローレンツ収縮で確かに縮んでいたが、カメラには、あたかも回転しているかのように映っており、当然のことながら、後ろのナンバープレートも丸見え状態だった。というわけで、相対論的なスピードで監視カメラの前を走り抜けることは、あまりおすすめできない。

相対性理論が初めて登場したとき、「棒が縮む」と言われてびっくり仰天した物理学者たちは、こんどは、ペンローズに「球は縮んでも形が変わらなく見える」と言われて、またしてもびっくり仰天した。

いやはや、天才というのは、人騒がせな連中でございます。

第2章

ブラックホールと特異点

一般相対性理論の世界

ブラックホールの真ん中と宇宙の初めには何があるか。そこには、時空ならぬ時空、すべての物理量が無限の大きさと化す「特異点」が存在する。この奇妙な数学的産物が、アインシュタインの時空に必然的に存在することを初めて証明したのが、ペンローズであった。

ブラックホールやホワイトホールの近くを漂う宇宙船には、どのような運命が待ちかまえているのか？　ペンローズの発案になるペンローズ図を用いて、宇宙の因果関係を考えてみよう。

●一般相対論と特殊相対論の違い

第1章では、ペンローズの業績を見るために、特殊相対論の簡単な解説をした。そこでのポイントは、

速度の違う目撃者どうしは、事件の目撃証言が食い違う

ということであった。そして、食い違いそのものは矛盾ではなく、目撃者によって「真実」が違う——言い換えると、事実が相対的なものであることがわかった。目撃者によって、同じ棒が縮んで見えることだってあるわけだ。

もう一つ、特殊相対論のポイントは、光の速度が誰から見ても一定なこと。太郎と次郎は、棒の長さや時計の進み方など、さまざまなことがらについて意見が食い違うが、光の速度については意見の一致をみる。

この章では、「特殊」を「一般」にした一般相対論におけるペンローズの業績を見ることにしたい。特に、ブラックホールの研究に注目したい。

ところで、一般相対論って何だろうか？

一般相対論と特殊相対論のいちばんの違いは、次のようにまとめることができる。

特殊相対論＝方程式の形が、速度の変換によって不変
一般相対論＝方程式の形が、一般座標変換によって不変

難しい定義になってしまったが、この意味は、こういうことだ。物理学の方程式にもいろいろあるが、たとえば電磁場の方程式（マックスウェルの方程式）は、太郎が書いても次郎が書いても同じ形をしている。太郎と次郎は、相対運動をしている。だが、速度が違っても、電磁場の方程式は形を変えないのだ。電磁場の方程式は、電場と磁場の変化を記述する。太郎と次郎は、電場の強さや磁場の強さについては意見が食い違う。つまり、太郎が電場だけを見ているとき、動いている次郎は、電場だけでなく磁場も見るのである。電場や磁場は、絶対的な存在ではなく、観測者によって見え方の違う、相対的な存在なのである。

それでも、電場と磁場をまとめて記述する方程式の形については、太郎と次郎の意見が一致する。速度が違う太郎から次郎への立場の変換は、ローレンツ変換とよばれている。だから、言い換えると、

マックスウェルの方程式は、ローレンツ変換で形を変えない（つまり不変）

不変というより共変という言葉のほうがいいかもしれないが、数式を使って厳密に解説するのが目的ではないので、不変という言葉を使わせてもらいます。

特殊相対性理論では、太郎と次郎の見解の不一致ばかりが注目され、さまざまなパラドックスとして興味をひくが、大事なのはむしろ、速度が違っても意見が一致するのは何についてか？ということであり、そこに理論の本質が隠れている。物理学の場合、その本質はもちろん、方程式である。特殊相対性理論のローレンツ変換は、速度の違う太郎と次郎の立場の変換だが、変換しても方程式の形は変わらない。つまり、物理法則は誰の目から見ても不変（普遍）なのだ。

そりゃあ、そうだ。人によって方程式の形がコロコロ変わったのでは、物理法則なんてよぶことはできない。相対論の変換によって不変なものが、物理的に大切なのは、もっともな話と言えよう。

次に、特殊相対論とは異なり、一般相対論では、速度の違う立場ではなく、もっと一般的で包括的な変換を扱う。よく、一般相対論では加速度が違う場合も扱うことができる、という解説を見かけるが、正確に言うと、一般相対論の変換は、加速度の違いよりも、さらに広い範囲の変換になっている。それを、「一般座標変換」とよぶ（詳しくは、83ページのダイアローグを見てください）。

一般座標変換によっても方程式の形が変わらない、というのが「一般相対性原理」である。

一般相対論のもう一つの柱は、「等価原理」とよばれるもので、これは、

重力と加速度は等価である

というもの。エレベーターの中で加速度を測るには、果物屋の店先によくあるバネ秤《ばかり》を使えばいい。バネ秤に適当な重りを下げておく。エレベーターが止まっていれば、秤は、重りの重さを指す（ちゃんと指さなかったら、秤の調整が悪い）。そして、エレベーターが上に動き出すと、秤の目盛りは、静止時と比べて大きくなる。つまり、重りが重くなったのである。

違う、違う、重りが重くなった（つまり重力が強くなった）のではなく、加速度がかかっただけだ！　そう言われるかもしれない。でも、アインシュタインは、

「確かに加速度かもしれない。でも、重力が強くなったのではないと証明できるのか？」

と問うたのである。確かに、エレベーターに乗っていることを知っているわれわれは、突然、地球の重力が強くなったとは考えない。エレベーターが動き始めて、加速度がかかったのだと考える。それがふつうだ。ところが、アインシュタインは、もっと原理的な質問をしているのだ。

「そもそも加速度と重力を区別する測定方法は存在するのですか？」と。

そう、じっくり考えてみれば、原理的には、双方ともバネ秤の目盛りを読むのであって、目盛

りの動きから両者を区別することなどできない。つまり、測定方法に違いはないのである。

もちろん、そんなことは、アインシュタイン以前の人だって気がついていたに違いない。だが、天才の閃きというのは、何か一種の「飛躍」を感じさせる。アインシュタインは、次のように言い切るのである。

加速度と重力は等価である（等価原理）

いやあ、恐れ入りました。原理的に区別できないということは、同じということだ。確かに言われてみればそうなのだが、われわれ凡人は「でも、エレベーターの階数表示を見ていればわかる話じゃないか」などと枝葉末節にとらわれてしまって、肝腎のポイントを見逃している。まるで、シャーロック・ホームズとドクター・ワトスンの差のようなもの。事件の核心が目の前にあるのに、気がつく人と気がつかない人がいる。

等価原理の意味をもう少し考えてみよう。

重力が加速度と等価ということは、重力と同じ加速度で落ちれば、重力の効果は消えるのだろうか？　つまり、エレベーターが重力加速度gと同じ加速度で下に落下すれば、重力がなくなって、バネ秤の目盛りはゼロになるのか？

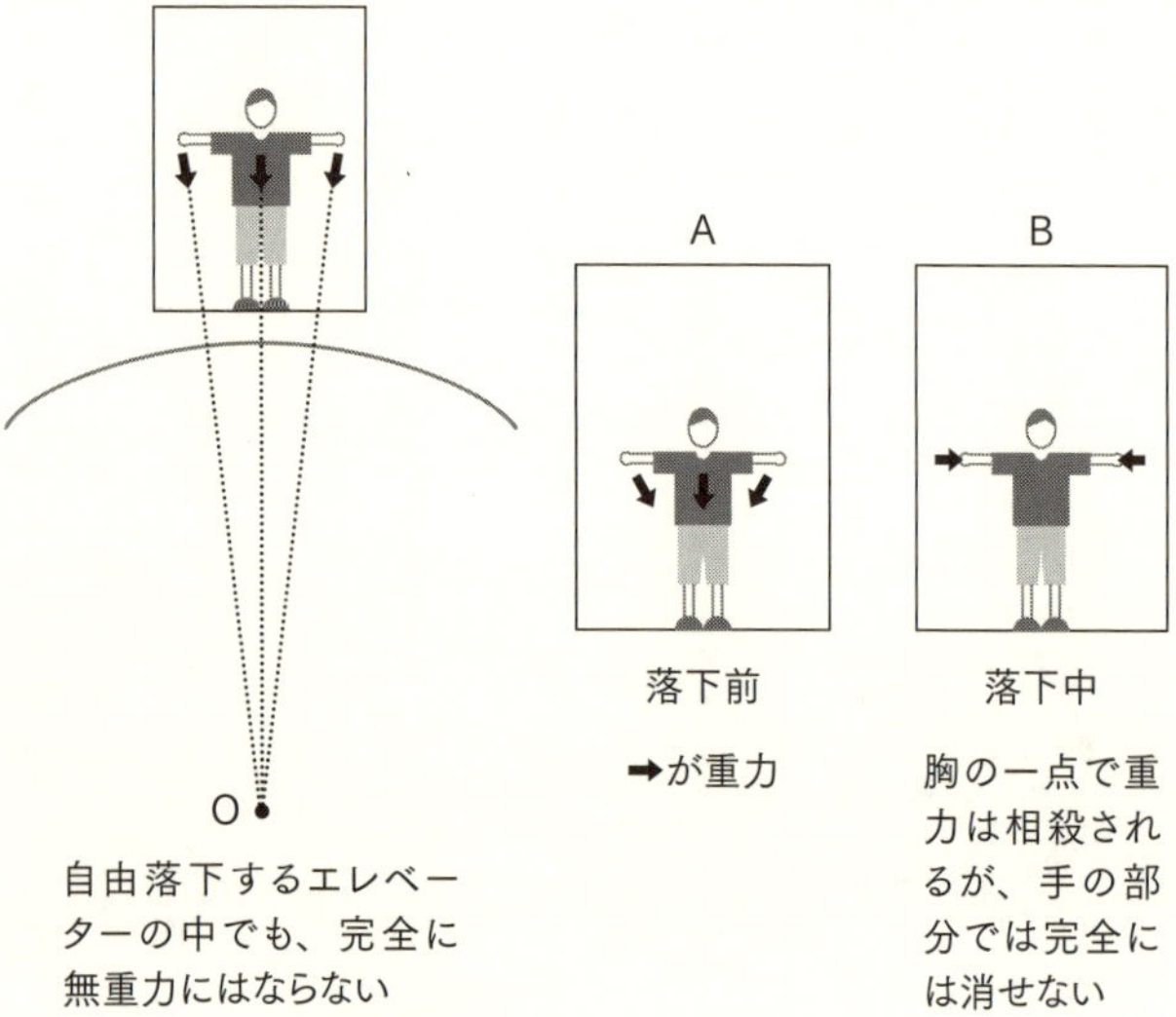

A
B
O
落下前
落下中
➡が重力
胸の一点で重力は相殺されるが、手の部分では完全には消せない
自由落下するエレベーターの中でも、完全に無重力にはならない

図2-1 落下するエレベーター

答えはイエスである。重力は消し去ることが可能だ。ただし、条件がつく。その条件とは、「局所的に」というものだ。ある一点に限って言えば、確かに重力がなくなった状態にできるが、広い範囲で大域的に重力の効果を消し去ることはできない。エレベーターの場合でも、早い話が、真ん中と端っことでは重力の方向が違うので、エレベーター全体の重力を消去することはできないのだ（図2-1）。

ここで、質問が出るかもしれない。

「重力が消えるということは、局所的に特殊相対論が成り立つということか？」

ふたたび、答えはイエスである。重力がない、つまり加速度がないのであるから、一般相対性理論ではなく、特殊相対性理論を使うことができる。ただし、その一点においてのみ。

さて、一般相対性原理と等価原理が一般相対論の二本柱だが、その具体的な計算は、「アインシュタイン方程式」とよばれる美しい方程式によって行われる。方程式というのは、英語でequation、つまり、左辺と右辺がイコールだという関係を表したもの。一見、別々で関係がないと思われる二つの量が、実際はイコールだということを数式で表現するのが方程式なのだ。たとえば、特殊相対論に出てくる

$$E=mc^2$$

という方程式は、左辺のエネルギーと右辺の質量に光速の2乗をかけた量がイコールだという意味で、質量をエネルギーに変換できることを意味している（$c=1$という単位系では、$E=m$となるのでcは本質的でない）。ちょうど、

1ドル＝120円

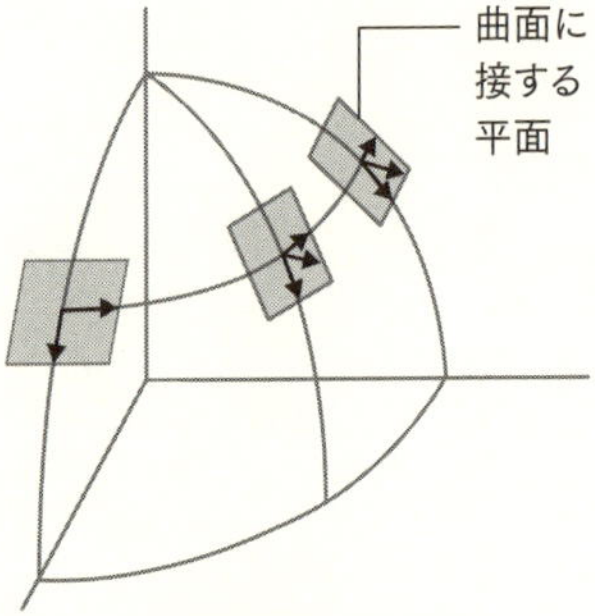

図2-2 接平面

と書いて、120円を1ドルと交換できるのと同じである（お金の場合、相場によるが）。

さて、アインシュタイン方程式は、

時空の歪み＝物質の存在

というような方程式だ。記号を使って書くと、それは、こんな形をしている。

$$R_{mn} = 8\pi T_{mn}$$

Rが時空の曲がり方を表す量で、Tが物質の量を表す。添え字のmとnは、ベクトルのx成分、y成分をA_xとかA_yなどと書くのと同じで、t、x、y、zの値をとる。

ここから先は数式の世界に突入するので、深入りはやめておくが、アインシュタインの世界観というのは、時空がぐにゃーっとゴムのように柔らかくて、そこに重い物質が載るとたわんでしまうというものだ。逆に、そのたわみ方が大きいことを、物質がたくさんあると言う。当然、物質が重いほど、時空が大きく歪む（数式に興味がある人は、拙著『宇宙のシナリオとアインシュタイン方程式』工学社、をご覧いただきたい）。

さきほどの、局所的に重力を消すことができる、というのは、それでは、時空のたわみをなくすということなのか？

それはちょっと違って、たわみはなくならないが、曲がった時空の一点で、曲線に沿って接線を引くように、「接平面」を考えることに相当する。平面はたわんでいないから、特殊相対論が成り立つのだ。

だが、平坦な平面は、曲面とは一点でしか接しないから、その一点でのみ、「平坦」にできるのであって、広い範囲を同時に平坦にはできない。まあ、この辺は、かなり概念的に難しいので、なんとなくイメージをつかんでもらえればいいかと思う（図2-2）。

ダイアローグ　一般座標変換ってなに？

玲子「いっぱんざひょうへんかん？」
竹内「一般的な座標変換」
玲子「つまり？」

竹内「方眼紙がゴムでできていると想像して、それを自由に変形する」
玲子「自由に変形するって、切ったり貼ったりしてもいいの?」
竹内「いや、スムーズな変形にしておいてくれ」
玲子「数学用語では?」
竹内「座標xを、なめらかな関数$f(x)$に変換すること」
玲子「特殊相対論では、座標をローレンツ変換しても方程式の形は不変だった。こんどは、ローレンツ変換よりも広くて一般的な座標変換をしても方程式が不変になる……」
竹内「そのとおり」
玲子「でも、どんな関数でも許されるわけじゃないでしょ?」
竹内「なめらかな関数じゃないとダメ。この点については、また、第5章で出てきます」

●ブラックホールに驚かされて

私は小学3年生から5年生まで、父親の仕事の関係でニューヨークに住んでいた。典型的な帰国子女である。

プルーストの『失われた時をもとめて』では、マドレーヌの味で昔を思い出すわけだが、私はラッパを見るたびに、クイーンズの第14小学校から、杉並区立浜田山小学校に転校させられたときのことを思い出す。奇妙なベルボトムのジーンズをはいた長髪の少年は、半ズボン姿の小学生たちから「アメリカ野郎」「女たらし」「宇宙人」などとあだ名され、ちょっぴりいじめられた。

今の私はサイエンス作家だが、どうして科学を志したかというと、日本に帰国して、漢字のテストで赤点を取ったり、いろいろと大変な目に遭っていた頃、科学雑誌と新書に感銘を受けたのがきっかけであった。その雑誌は「子供の科学」と「模型とラジオ」であるし、新書はブルーバックスの『ブラック・ホール』（ジョン・テイラー著、渡辺正訳）だった。雑誌は、「こか」と「もら」という略称でよんでいた。当時、杉並区には「科学教室」という制度があり、各小学校から数人が選抜されて、科学の実験や観察を行って、進んだ科学教育を受けていた。私も科学教室に選ばれて通っていたが、その「ちっちゃなエリート」たちの間で回し読みされていたのが、「こか」であったわけだ。

ブルーバックスは、中学に入ってから読み始めた。

当時、出たばかりの『ブラック・ホール』を使って、中学の学芸祭では「ブラックホールの謎」と題して、パネルの展示のようなものをやった覚えがある。今から考えると、本の中身をそのままパネルにして図示しただけだったわけだが、私たち数人の〝科学者の卵〟たちは、それでも、大人もあまり知らないブラックホールの秘密を自分たちが握っている、という奇妙な優越感に浸って堂々と説明をしたものだ。

『ブラック・ホール』は当時の私の脳裏に焼きついたらしく、それ以来、「ブラックホール」という言葉に接するたびに、私は、なんとなく懐かしいスリリングな気持ちになる。エドワード・ウィッテンの「ひもからブラックホール」という名前の論文が、超ひも理論とブラックホールの関係を論じていて、ドキドキしながら読んだが、その面白さの大半は、やはり、話題がブラックホールだからこそなのだと思う。

テイラーの『ブラック・ホール』を読んで、私が驚いたのは、次のような一節である。

収縮して潰れてしまった星の近くに来た旅行者は、「事象の地平線」に突入するまでに有限の時間しかかからない。少なくとも自分が携帯している時計で時間の経過を計る限り、有限の時間しかかからないと思うはずである。しかし、その旅行者から十分離れたところにいる観測者から眺めれば、宇宙ロケットとその乗務員は、星に近づくにしたがって影が薄くなり、「地平線」への近づき方もゆるやかになってゆくように見えるだろう。遠方から見守っている人の目には、宇宙船がシュヴァルツシルト半径に達するまで無限の時間がかかるのである。

「事象の地平線」という言葉自体、刺激的でカッコ良かったが、当時の中学生の頭に、ロケットの乗組員の時計では有限の時間で地平線を越えるのに、遠くの星から見ている人には無限の時間がかかってロケットが消えてゆく、というのが、なんとも奇妙で、正直いって理解できなかった。理解できなかったが、何か自分の知らないすばらしい秘密があるような気がした。

ブラックホールという名前は、伝説の物理学者、ジョン・ホィーラーの命名だ。ホィーラーは、朝永振一郎と一緒にノーベル賞を受賞したリチャード・ファインマンの先生。本人は、ノーベル賞こそ受賞していないが、とにかくすごい物理学者である。

ちなみに、ペンローズやホーキング、ウィッテンといった超大物たちも、ノーベル物理学賞は受賞していない。こんなことを言うと怒られるかもしれないが、最近の数理物理学は進みすぎて、平均的な物理学者には、いったい何をやっているのか理解できないほど難解になってしまった。理論を実験や観測で検証してノーベル賞を出す、という形態は、ある意味で、物理学という学問自体の構造の変化に追いついていない。たとえば、ウィッテンは物理学者であるにもかかわらず、フィールズ賞という「数学のノーベル賞」を受賞している。

だいぶ脱線しました。ペンローズのブラックホール研究の業績をご紹介する前に、ブラックホールの基本的な性質をまとめておこう。

●事象の地平線

ブラックホールには、「シュヴァルツシルト半径」とよばれる「入り口」がある。ただし、この入り口、いったん中に入ったら、出てくることはできない。なんだか終身刑で刑務所に入るようなイメージで怖いが、この、入ったら出られない、というのが、ブラックホールが「黒い」ゆえんでもある。

まず、シュヴァルツシルト半径の大きさであるが、ブラックホールの質量をMとして、

シュヴァルツシルト半径＝２M

である。つまり、重さの2倍である。

読者の悲鳴が聞こえてきそうだ。

「半径は長さだろうに。長さが重さの2倍とはどういう了見だ。間違っている！」

だが、勘のいい読者はお気づきのことと思うが、これも、やはり使っている単位系の問題であって、光速度のcを1とおくのと同じような事情なのだ。今の場合、cのほかにニュートンの重力定数Gも1とおいているので、長さと重さが同じ次元として扱われるのである（95ページのダイアローグを見てください）。

もともと、長さや重さや時間という「次元」は、人間が勝手に導入したもので、自然界が長さと重さを区別しているわけではない。われわれは、学校の物理の時間に、（kgm/s^{2}というような）やたら複雑な次元に翻弄《ほんろう》され続けてきたため、次元が初めから存在するものと思い込んでいる。だが、こういった次元（単位）は、経済学の円とドルといった単位と同様、人間の約束事にすぎない。

地球の円周の4分の1を1万㎞と定義したのが「メートル」の起源だが、たまたま人間が地球に住んでいたからそうなっただけであって、宇宙的な観点からすれば、さほど科学的な定義とも思われない。

だが、光速度cや重力定数Gは、おそらく宇宙の果てでも同じ意味をもっていると予想されるから、こういった自然定数を1、つまり「単位」として使うのは、きわめて科学的なのである。

単位系の話がわかりにくい読者は、こう考えてほしい。ここに出てきた2Mには、実際は、cやGがいくつかかかっており、その係数は定数なので無視しているのだと。

とにかく、2Mという距離は、ブラックホールにとって非常に大事な距離になっている。

このシュヴァルツシルト半径が、別名「事象の地平線」ともよばれるのだ。というより、事象の地平線の一例として、ブラックホールのシュヴァルツシルト半径があるのだ、と言ったほうが正確だ。

それでは、事象の地平線とは何か？

事象の地平線＝無限の未来までかかっても見ることのできない領域

これが、定義である。「見る」というのは、光が飛んできて目に入るということ。つまり、事象の地平線とは、なんらかの理由で光が遮断されてしまって、その先が観測できないような宇宙の領域のことなのだ。

たとえば、宇宙が急激に膨張しているとしよう。すると、遠くにある星は超光速で遠ざかっているので、星の光は、われわれのほうに向かって進むことができない。だから、観測することもできない。このような星は、事象の地平線の彼方《かなた》にあるわけである。

ドジッター宇宙という指数関数的に膨張する宇宙モデルでは、このような事象の地平線が存在する。現在、標準的な宇宙モデルとして採用されているフリードマン宇宙では、このような事象の地平線は存在しない（超光速なんてヘンだ、と思われるかもしれないが、べつに特殊相対性理論と矛盾するわけではない。詳しくは95ページのダイアローグをご覧いただきたい）。

ブラックホールの周囲の事象の地平線は、重力場が強すぎて、光速でも「引力圏」から脱出できないような状況になっている。地球からロケットを打ち上げる場合でも、引力を振り切る脱出速度というものがあって、この脱出速度以下では、ロケットは打ち上げることができない。脱出速度以下だと、引力を振りきることができずに、やがて地上に落下してしまうのである。

それと同じで、ブラックホールにも脱出速度があるわけだが、シュヴァルツシルト半径よりも内側だと、光速でも脱出できなくなってしまう。光速でも、やがて落ちてしまう。ぴったりシュヴァルツシルト半径の上だと、光は、半径$2M$にとどまり続け、ブラックホールの周囲を回り続けるが、外に出ることはできない。

シュヴァルツシルト半径は「一方通行」になっているのだ。外から内に入ることは可能だが、内から外に出ることはできない。

●ブラックホール共和国の中へ

ブラックホールの事象の地平線は、外部から観測していると、そこから何も出てこないために「黒く」見える。というか、何も見えない。なにしろ、光の速さをもってしても脱出不可能なのだ。世の中には、光よりも速い物体は存在しないと考えられているから、観測にかかる何ものも地平線の向こうから現れることはない。まさに、宇宙にポッカリとあいた「黒い穴」なのである。

だが、ここで思い切って発想を転換して、遠くから観察するのではなく、ロケットに乗って、ブラックホールの探検に出かけたら、どうなるだろうか?

驚くべきことに、自分がブラックホールに入っていく場合、その経験は、外から高みの見物を決め込んでいるのとはだいぶ違う。シュヴァルツシルト半径は、あくまでも「中から出てこられない」境界線なのであって、外から中に入るのには、なんら支障はない。重力に身を任せて、ただ落ちていけばいいのである。それどころか、自分がシュヴァルツシルト半径を通過したことさえ、この探検者は気づかないであろう。境界線と言っても、べつにチョークで線がひいてあるわけではない。ロケットは、するすると検問もなしに、一方通行の国境線を越えてブラックホール共和国の中に入ってしまう。

さきほど、重力が強すぎて中からは脱出できない、と書いたが、誤解のないように付け加えておくと、潮汐《ちょうせき》力の強さは、ブラックホールの重さが太陽の10万倍として、シュヴァルツシルト半径付近で、地球で感じるのと同じくらい。重力に引っ張られて自由落下していれば、からだに影響するのは潮汐力だけなので、シュヴァルツシルト半径を通過するとき、引き裂かれて死んだりはしない(潮汐力については、第3章で出てきます)。

さて、一般相対論も「相対性理論」なのであるから、その精神は、「真理の相対性」にある。ブラックホールに落ちていく事件も、目撃者によって「事実」が違ってくる。でも、目撃証言が食い違うこと自体には矛盾はない。遠くの星から見ていれば、ロケットは、永遠にシュヴァルツシルト半径のあたりにとどまっているように見えるし、ロケットの乗組員からすれば、有限の時間で（つまり一瞬にして）境界線を越えてしまう。相対論では、目撃証言は相対的なのだから、両方とも正しい証言だと言える。

特殊相対論のところで、動いている棒が縮む話をした。そして、それが実際には、回転して見えることもわかった。

一般相対論の場合、中心的な役割を果たすのは、速度の違いではなく、加速度の違いである。加速度は重力と区別できない。だから、重力のあるなしといってもよい。遠くで見物している太郎は、遠すぎてブラックホールの重力を感じていない。ロケットに乗って落下しつつある次郎は、重力を感じている。そのため、次郎の時計は遅れる。だから、太郎から見ると、次郎はスローモーションで動いているように見える。だが、次郎自身は、心臓の鼓動も脳の神経パルスの伝達速度も、みんな一様に遅れているため、意識の流れもスローモーションになっていて、自分が遅れていることには気づかない。

でも、なぜ、重力があると時計は遅れるのか？

直観的な説明をしてみよう。

そもそも、時計というのは、反復現象にすぎない。古い時計では、振り子が反復する。その反復にかかる時間、すなわち周期が振り子の長さだけで決まり、振れの大きさによらないことは有名だ。現代のクオーツ時計も結晶の振動という一種の反復現象を利用している。原始時代の日時計だって、地球の自転と公転という周期的な運動、つまり反復現象を利用している。

世の中にはいろいろな反復現象があるが、要するに、空間のある範囲を行ったり来たりするのである。

重力があると、空間は歪んでいる。歪んだ空間を行ったり来たりするのと、平坦な空間を行ったり来たりするのとでは、何が違うだろうか？　歪んだ地形のところを歩くと、遠回りしたりして歩く距離が増えるので、時間もかかる。トンネルを使わずに山を越えるのは大変だ。そう、歪んでいると、反復にかかる「時間」が余計に必要となるのである。平坦な場合と比べると、反復の回数が減少する。反復回数イコール時間であるから、これは、

平坦な空間では「チクタクチクタク」
曲がった空間では「チークターク」

というような感じで、曲がった空間では「時計」が遅れるのである。

ダイアローグ　単位系と超光速で遠ざかる星

玲子「相対性理論では光速より速くはなれないはずなのに、どうして、遠くの星が超光速で遠ざかって地平線ができるのかしら」

竹内「確かに、特殊相対性理論では光速が最高速度だ。でも、それは、一つの慣性系の中での話」

玲子「慣性系って？」

竹内「見かけの力がない系、言い換えると重力のない系」

玲子「でも、宇宙には必ず重力があるんだから、そうなると、どこにも慣性系など存在しないことになっちゃわない？　それって何かヘンよ」

竹内「厳密にはね。でも、重力場の影響が小さくて空間の曲がり方が小さいところは、近似的に平坦なので、慣性系として扱っても大丈夫なわけ」

玲子「宇宙全体が大きな一つの慣性系になっていたら、超光速はありえないけど、たくさんの慣性系からなるなら、その慣性系どうしは超光速で遠ざかってもいいということ？」

竹内「そのとおり。さっき、曲面に接する平坦な接平面を描いたけど、その曲面では一般相対論が成り立って、接平面では特殊相対論が成り立つわけだ。あの曲面が宇宙全体だと考えると、接平面で近似できる範囲では特殊相対論が使える。そして、各点ごとに無数にある接平面どうしは、互いに超光速で遠ざかってもかまわない。接平面の中では光速より速い動きはないけどね」

玲子「もう一つ、光速cが1の単位系って何？」

竹内「光速は、約30万㎞／秒だ。それが1ということは、30万㎞を1秒と等しい、とおくことにあたる。経済で120円／1ドルを1とおいて、1ドルが120円に等しい、とするのと同じこと。さらに、量子力学に出てくるプランク定数というのも1にすると、ふつう高エネルギー物理学で使われている〈自然単位系〉になる。さらに、ニュートンの重力定数Gも1とおくと、〈幾何学単位系〉になる」

玲子「要するに、円とかユーロとか香港ドルとかたくさんあってややこしいから、すべてドルに換算してしまうようなものね」

●ブラックホールをゴミ捨て場に⁉

ブラックホールについて、親しみ深くてSF小説に登場しそうな定理がある。ペンローズは、

1969年の論文で、次のようなことを証明した。

回転するブラックホールにうまくゴミを捨てると発電できる

なんとも奇妙な話だ。ふつうは、ゴミを捨てればそのゴミの質量のぶんだけエネルギーは増えるはずだが、回転するブラックホールの周囲ではおかしなことが起こっているのだ。

回転するブラックホールの場合、事象の地平線の外側に、もう一つ別の境界がある。それは、回転の効果が避けられない領域で、「静止限界」(static limit) とよばれている。どういうことかというと、この静止限界より外にいるロケットは、うまく噴射を調節することによって止まっていられるが、静止限界の中に入ってしまうと、どんなにエネルギーを注ぎ込んでも止まっていられないのだ。だから、静止限界という名前がついている。

ということは、回転するブラックホールの場合、「一方通行」の事象の地平線の外に、もう一つ、「どうにも止まらない領域」である静止限界があるわけだ。光でさえも止まれないで流される。そうですねえ、イメージとしては、大型台風の暴風圏みたいなもの。回転に引きずられて、誰も止まっていられない。風(空気)の代わりに時空が引きずられているのです。これを「慣性系の引きずり」とよぶ。

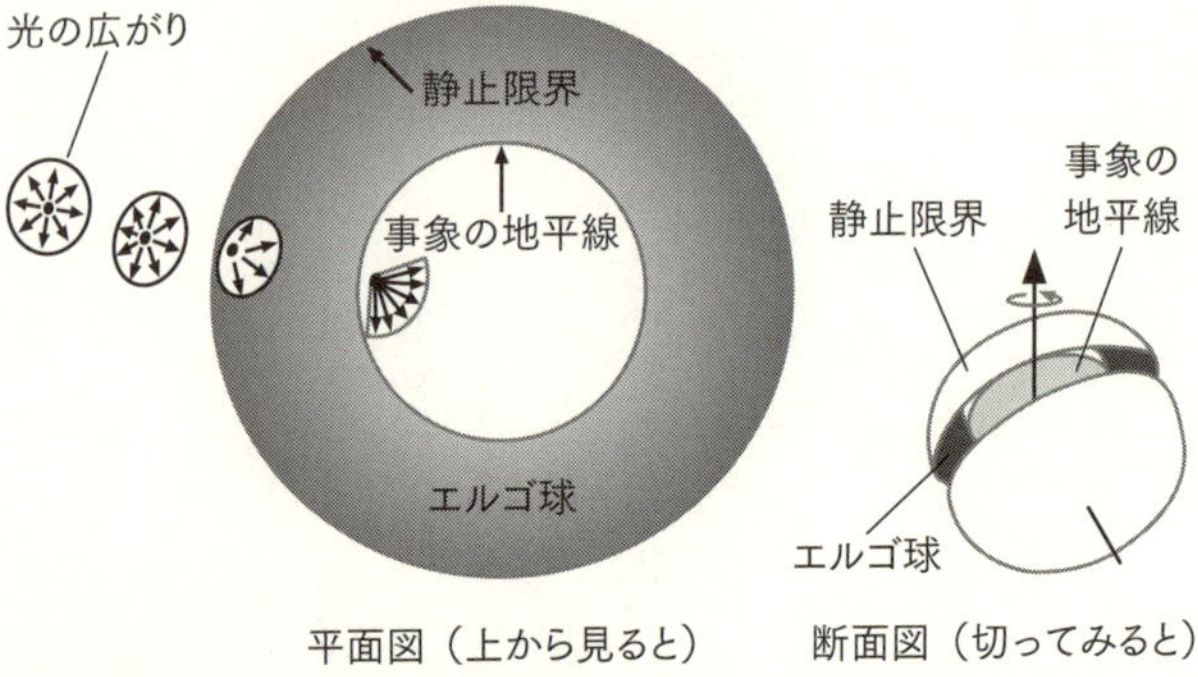

図2-3 エルゴ球の模式図（『Gravitation』Charles W. Misner, Kip S. Thorne, John Archibald Wheeler（Freeman））

事象の地平線と静止限界の間の領域は、だから、脱出することは可能だが、回転の影響が大きくて、止まってはいられない。この間の領域のことを「エルゴ球」（ergosphere）とよぶ（図2-3）。

でも、なんで、エルゴ球などという奇天烈《きてれつ》な名前がついているのだろう？

名づけ親は、ブラックホールの命名でも有名なホィーラー（とルフィーニ）。そして、この名前の由来は、ペンローズの「ゴミ捨て定理」で明らかになる。

一言で言うと、このエルゴ球、すなわち止まれない領域では、時間の「方向」が流されて傾いているために、ゴミを捨てることによって、ブラックホールの質量は減るのである。本来なら、入れたゴミの重さだけ、ブラックホールの重さも重くなるはず。ところが、エルゴ球をうまく使ってやると、結果は、ブラックホールの重さが軽くなる、という逆説的な状況が生まれる。

SF小説みたいだが、未来の人間は、回転するブラックホールの周りにコロニーを形成する。そして、ゴミを満載した無人ロケットをブラックホールに向けて発射する。無人ロケットは、ブラックホールのエルゴ球を通って、途中でゴミを「穴」に捨てて、ふたたび回収される。回収するときに、なんらかの仕掛けでその運動エネルギーを回転に変換してやれば、発電に利用できる。

この運動エネルギーは、実は、

ゴミの質量＋ブラックホールの質量の減少分

になるのである（質量をmとすると、アインシュタインの関係式により、$E=mc^2$が等価なエネルギー）。

簡単に言えば、エルゴ球は時空が回転しているわけで、あたかもハンマー投げのごとく、投棄したゴミが勢いを増して戻ってくるのだ。

エルゴン（$\varepsilon\rho\gamma o\nu$）は、ギリシャ語の「仕事」という意味。エルゴ球は、仕事をしてくれる領域なのである。

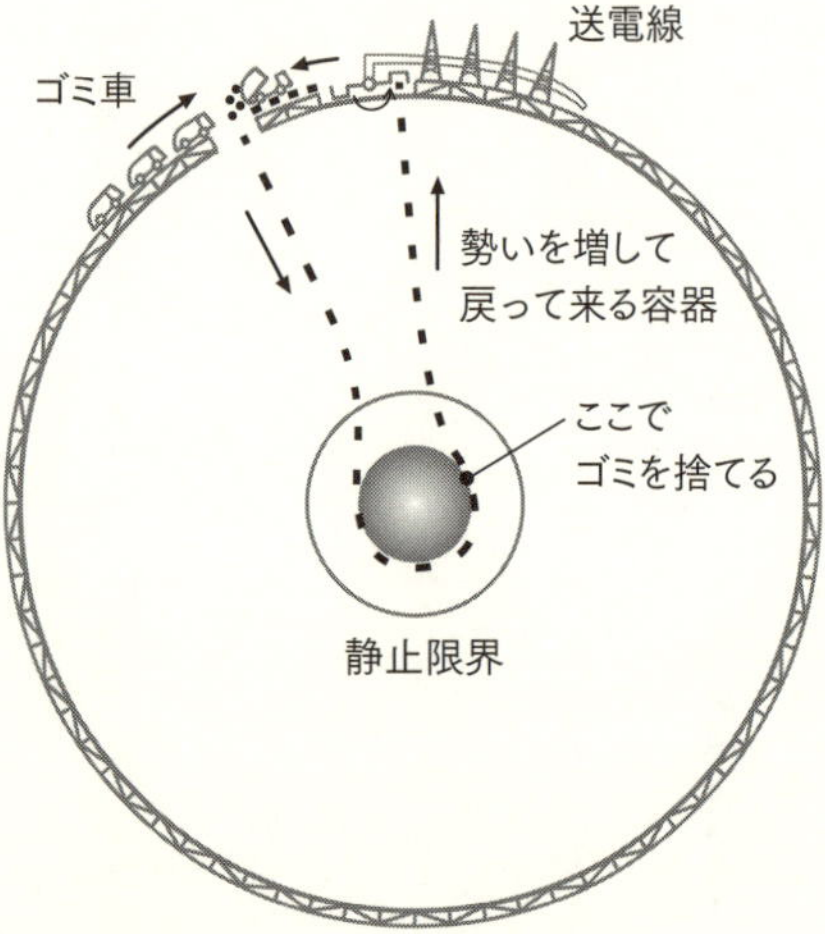

図2-4 ブラックホール発電（『Gravitation』Charles W. Misner, Kip S. Thorne, John Archibald Wheeler (Freeman)）

ペンローズの研究のおかげで、未来の人類は、無尽蔵に近いエネルギーをブラックホールから得ることができる。それも、ただ、ブラックホールをゴミ捨て場にすればいいだけ。なんとも便利な話だ（図2-4）。

●横断歩道で閃いた特異点定理

ペンローズの名前を数理物理界で不朽のものにしたのが、かの有名な「特異点定理」だ。1965年のことである。

ペンローズは、友人のイゴール・ロビンソンとロンドン市内を歩いていた。数学者や物理学者が友人と歩いているとき、彼らの話題は、酒やお金や異性のことではない。というか、ふつうの人が会社の人間関係や面白い映画やタレントの話題に花を咲かせるようなシチュエーションにおいて、一般相対性理論の理論的な問題を論ずる人たちのことを数理物理学者とよぶのである。

とにかく、ペンローズは、ロビンソンと歩きながら数学の話をしていた。そして、横断歩道を渡っている最中、その会話がしばし途切れた。その瞬間、電撃的にペンローズの脳に何かが閃いた。

だが、その閃きが何であるかを冷静に分析する前に、二人は横断歩道を渡り切ってしまい、ロビンソンとの会話が再開した。ペンローズも、それ以上は閃きを追求せずに、ロビンソンとの話題へ戻ってしまった。

それきり、その日は何事もなく時が過ぎていったが、夜になって独りになると、ペンローズは、横断歩道での閃きを思い出した。その閃きこそが、「特異点定理」の証明だったのだ。

特異点定理というのは、一言でまとめると、こんなふうになる。

特異点定理＝一般相対性理論には一般的に特異点が存在する

これでは、この定理のどこがすごいのか、全然わかりません。そこで、特異点の正体から始めて、なぜ、この定理がすごいのかまで、順に解説をしていこう。

●特異点とはなにか？

特異点というのは、簡単に言うと、温度無限大、圧力無限大、大きさゼロの地点のことである。

特異点は恐ろしい場所だ。なぜなら、そこに足を踏み込んだ人間は、無限大の温度に焼かれ、無限大の圧力に押し潰され、からだはバラバラになり、それどころか分子も分解して、原子さえも分解して、単なるエネルギーの塊と化すからである。地獄の閻魔《えんま》大王でも、特異点に連れて行かれそうになったら、オイオイと泣き出すほどひどい場所なのだ（閻魔大王も特異点では潰れてしまうから！）。

一般相対論では、空間が曲がっていることと質量が存在することは同じである。太陽は重いから、太陽のある場所は空間が凹《へこ》んでいる。その曲がり方のことを「曲率」というわけだが、特異点は重すぎて、その曲率が無限大のような点のことをいうのである。

イメージとしては、空間のある一点にアイスピックのような先のとがったもので圧力をかけて、ついには空間に「穴」をあけてしまった、そんな感じである。

アインシュタイン以降、ペンローズ以前の物理学者たちは、宇宙論やブラックホールなどを研究していて、漠然と、次のような見解をもつようになった。

「確かに、ビッグバン宇宙の初めや、ブラックホールの真ん中には、特異点が存在する。だが、それは、均一で等方という宇宙論の仮定や、完全な球形というブラックホールの仮定が、あまりに人工的すぎるから、たまたま生じた数学的な幻想に違いない。実在する物理世界は、完全に均一で等方的ではないし、星が潰れてブラックホールになる場合も、完全な球形ではありえないから、実際には特異点は生じないであろう」

つまり、宇宙論やブラックホールの計算に特異点が出てくるのは、現実世界を完全な数学モデルに置き換えて考えているからであって、不完全な現実世界は、その不完全さゆえに、密度はゆらぎ、形もいびつで、特異点という特異な状況は存在しない、というのである。

けれども、誰も、この見解について深く考えた者はいなかった。みんなが希望的な観測として、そうに違いない、数学的な理想化の産物に違いない、そう思い込んでいたのである。

だが、ペンローズは天才である。天才というのは、凡人が「そうに違いない」と思い込んでしまうときに、「待てよ、本当にそうだろうか」と、自分が納得するまで、考えに考え抜く人種なのだ。

そして、横断歩道でペンローズが閃いた瞬間、一般相対性理論の歴史は、書き換えられることとなった。なぜなら、ペンローズは、

「一般相対性理論のアインシュタイン方程式の解には、一般的に特異点が出現する。それは、均一性や等方性、完全な球形などといった人工的な仮定が原因ではなく、かなり普遍的な状況なの

だ」

ということを、厳密に数学的に証明してしまったからである。

さて、ビッグバン宇宙にせよ、ブラックホールにせよ、一般相対論は、物理世界をかなりうまく記述してきた。そして、ペンローズによれば、計算の仮定として、不均一で等方的でない宇宙や、ゆがんだブラックホールから始めたとしても、特異点は避けられない、というのである。数学的な理想化ではなく、現実の物理世界に近い仮定から始めても、特異点が出てきてしまうのである。それはつまり、現実に特異点が実在する、ということではないのか？

だが、温度が無限大で圧力も無限大で曲率が無限大、つまり、定義不能な点とは、いったい何なのだ？　それは、われわれ人類の想像を絶する、地獄のような点ではないのか。宇宙は地獄から始まり、ブラックホールの真ん中にも地獄があるというのか？

●ホーキングの果たした役割

このペンローズの定理を、いちはやく宇宙にあてはめたのがスティーヴン・ホーキングであった。ペンローズよりもホーキングのほうが有名であるが、それは、一つには、ホーキングが「車椅子のニュートン」とマスコミの興味本位の脚光を浴びたせいである。しかし、ホーキングが偉いのは、むろんその学問的な業績のゆえであって、マスコミの興味をひいたからではない。

ホーキングは、一般相対論と量子宇宙論の非常に独創的なアイディアをたくさん提出しているが、当時は、まだケンブリッジの研究学生であった。ホーキングは、ペンローズの一般的な定理を、宇宙論という特定の分野にあてはめてみた。そして、宇宙が透明になる前の状況を計算して、宇宙の始まりにおいて特異点が存在する、という結論に到達した。

これは、非常に重要なペンローズの定理の応用で、そのため、特異点定理は、しばしば「ペンローズ＝ホーキングの特異点定理」とよばれるようになったほどである。

ホーキングが示したのは、早い話が、

宇宙には始まりがあった

ということ。これは、哲学界にも大きなインパクトを与えた（正確には、多少なりとも数学のわかる哲学者には、大きな衝撃を与えた）。

ちなみに、ホーキングの博士論文の審査員の一人が、他ならぬペンローズであった。

ダイアローグ

透明な宇宙!?

玲子「宇宙が透明になる前の状況ってなによ」

竹内「宇宙は、初めは熱くて物質がバラバラになって溶けていて光が直進できなかった。時間が経って、だんだんと冷えてくると、物質が固まって、光がその横をすり抜けて直進できるようになった。そんなイメージですよ」

玲子「今は?」

竹内「だから、今の宇宙は冷たいから透明です」

玲子「宇宙はいつごろ透明になったの?」

竹内「だいたい宇宙が誕生してから約38万年経ったころ」

●ペンローズvs.ホーキング――見ていない月は存在するか

ペンローズとホーキングは、このように同じイギリスで一般相対論の特異点に関する仕事をやって、ある意味では師弟関係といっていいほど近いにもかかわらず、二人の哲学的な立場は大きく異なる。

ペンローズは、「実在論」(realism)とよばれる独自の立場をとっているが、ホーキングは「実証論」(positivism)の代表的な学者なのである。実在論は、「物理学は実在するものを扱う」という立場だ。早い話が、「月は見ていなくても存在する」ということ。それに対して実証論では、「月を見ていないときは、それが存在するかどうかを論ずることは意味をなさない」と考える。実験や観察で実証できることだけに意味がある、という立場なのだ。

月が存在するのは当たり前であり、それを見ていないからといって、消えてなくなるわけではない。だから、実証論というのは、なんだか奇妙な主張のように思われる。確かに、古典的な物体に関してはそのとおりなのだが、量子力学が関係してくると、そんなに簡単に割りきることはできなくなってしまう。

量子力学では、物質は、粒子の性質をもつと同時に波の性質をもつ。量子力学に従う素粒子の運動では、ある地点から別の地点に飛んでいった素粒子に決まった道筋はない、と考える。A地点から発射した時点で、素粒子がA地点にいたことは確かだ。そこで観測されているからである。また、B地点に到着した時点で、素粒子がB地点にいたことも確かだ。やはりそこで観測されているからである。

だが、A地点とB地点の途中ではどうなのか？　途中では誰も見ていないし、観測していないのだから、途中の道筋を通ったという確固たる証拠などない。アリバイがない。だから、実証論の立場では、「素粒子に道筋はない」というのである。

実在論の立場の人々は、このような実証主義者たちのクールな割り切り方が気に入らない。そこで、素粒子の通った道筋、つまり、経路が実在するような理論を考えようと四苦八苦した。そして、通常の量子力学の代替案としてできあがったのが、いわゆる「隠れた変数の理論」である。

経路は、$x(t)$という具合に時間に依存する変数xで記述することができる。たとえば、ニュートン力学ではxの変化率が速度vで、速度vの変化率が加速度aで、その加速度aは、力Fと

$$F = ma$$

という関係になっている。mは物体の重さだ。量子力学の代替案では、変数$x(t)$は「隠れている」。そのココロは、神様は$x(t)$の真の値を知っているのだが、人間は、それを知らないので、確率的な予言しかできない、というもの。素粒子の道筋は、人間には隠されているというのである。というか、隠されていないと、量子論との整合性が保てないわけだ。

量子力学と隠れた変数については、第3章でもう一度、考えてみたい。

●グラフの要は目盛り

ブラックホールをきちんと理解するには、特殊なグラフの読み方に精通する必要がある。物理現象としてのブラックホールは変わらないが、それをいろいろな座標系（グラフ）で記述することによって、ブラックホールの性質が見えてくるからだ。

といっても、抽象的で意味不明なので、簡単な具体例で問題点を浮き彫りにしてみよう。そこでまず、グラフの読み方一つで自然現象の見え方が大きく変わることを知ってもらうために、対数グラフの読み方を説明したい。そして次に、ブラックホールの本質を解明するためにペンローズが考え出したグラフを紹介する。

対数グラフの前に、グラフというものに慣れる準備という意味で、2次関数$y=x^2$のグラフを研究してみよう。

$y=x^2$をふつうのグラフに描いたものは、もう何度も教科書でご覧になったことがあるだろう。何の変哲もない放物線である（図2-5(a)）。

だが、ここで、y軸の目盛りの幅を変えてみる。上にいくほど、目盛りの間隔を狭くするのである。すると、なんと、$y=x^2$のグラフは、傾きが1の直線になってしまう（傾きはxが負だとマイナス1）。y軸の目盛り幅を変えてはいけない、という法律はないから、これも、立派な$y=x^2$のグラフである。ここでは、y座標を$\sqrt{y}$に変換したのである。このように、座標変換をする

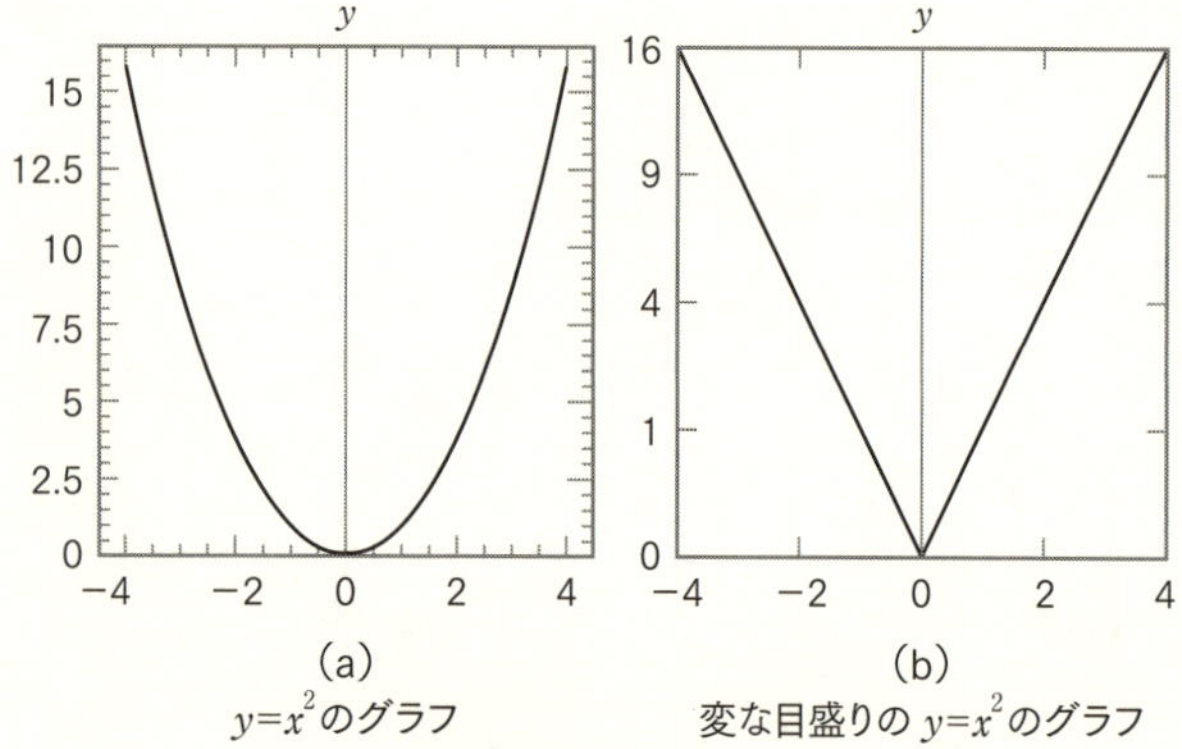

図2-5 $y=x^2$のグラフ

と、グラフの様相はがらっと変わる（図2-5(b)）。

この研究事例の教訓は、以下のようなものである。

教訓：グラフは目盛り幅に注意すべし

つねに等間隔の目盛りだとは限らない。詐欺師に騙《だま》されないよう、グラフには気をつけよう。

●対数グラフ

さて、対数グラフである。

これは2種類あって、実をいうと街の文房具屋さんで買うことができる。学校の数学の授業で教わった人も多いはずだ。一つは、x軸もy軸も目盛りが対数になっているもの。もう一つは、y軸だけが対数になっている。それぞれ、「両対数グラフ」「片対数グラフ」とよばれている（図2-6）。

この対数グラフを使うと、複雑な現象の「要点」が見えてくる。たとえば、動物の体重Wとエネルギー消費量Eの関係を、さまざまな動物について考えると、そこには一つの法則が見えてくる。

$$E = 4.1\ W^{0.751}$$

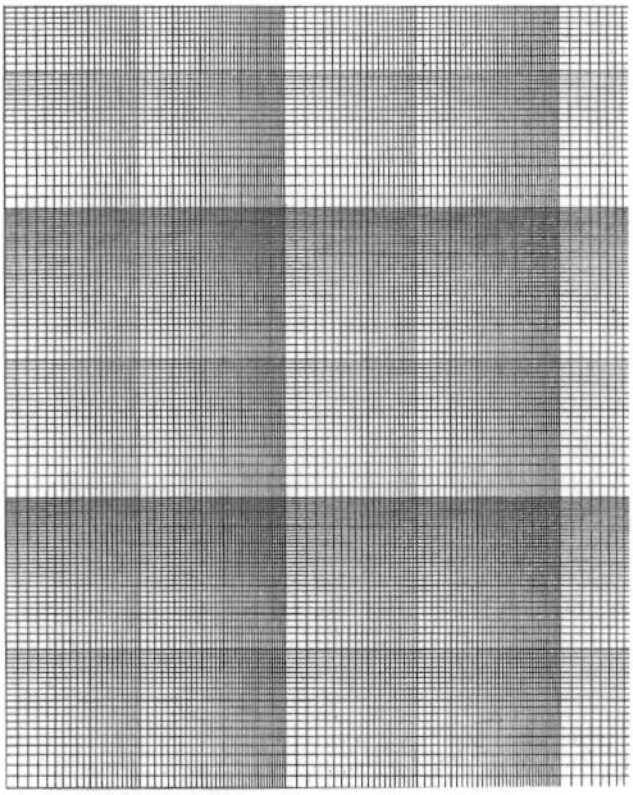

図 2 - 6　両対数グラフの目盛り

このままグラフにしてもいいのだが、問題の本質をつかむためには、グラフの目盛りを対数にしてみるといい。すると、グラフは直線になってしまう。直線というのは、比例する、ということにほかならない。つまり、言葉で言うと、

「動物の体重Wの対数と、エネルギー消費量Eの対数は比例関係にある」

ということなのだ。比例というのは、非常に基本的でわかりやすい数学的な関係である。ふつうのグラフを使って、WとEをそのまま比較していたのでは

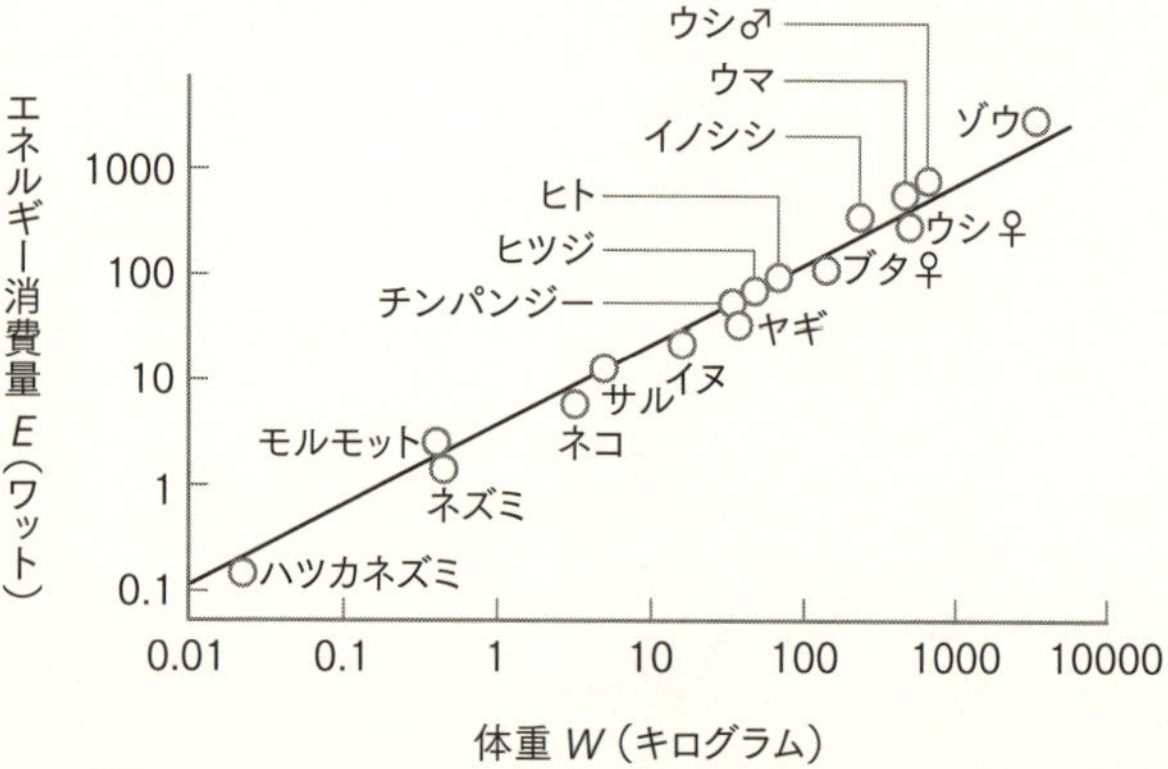

図2-7　動物の体重（W）とエネルギー消費量（E）のグラフ
（M.Kleiber, Hilgardia 6（1932）315）

見えてこないことが、対数をとることによって、鮮明に見えてくるのである（図2-7）。

このように対数をとることは、「変数変換」とよばれる。数学的には、WとEの代わりに、$\log W$と$\log E$という新しい変数に変換するからである。

私はここで、べつに対数グラフの宣伝をするつもりはない。だが、うまい変数変換をしてやって、うまいグラフで現象を分析すると、それまで見えなかった現象の本質を見ることが可能なのである。変数変換と言ったが、それは言い換えると、グラフの目盛りを変えることであり、座標変換である。

物理学では、どのような座標系を使うかが非常に大切なのだ。

●シュヴァルツシルト半径が奇怪なわけ——「座標系が悪い」

　ブラックホールのシュヴァルツシルト半径は、確かに「一方通行」という奇妙な性質をもっており、ちょうど半透膜のような役割を果たしている。だが、そこでの空間の曲がり具合、すなわち「曲率」を計算してみると、べつに、おかしなことは起こっていない。だから、シュヴァルツシルト半径を実際に通過する人間は、自分が境界線を通過したことはわからないはずだ。そこで時空が折れ曲がっているわけではないのだ。

　だが、長い間、シュヴァルツシルト半径が物理的に異常のないことは、正しく認識されてこなかった。なぜかというと、遠くから見ている人には、シュヴァルツシルト半径のそばで、何か奇怪なことが起こっているように見えるからである。シュヴァルツシルト半径に近づいた物体は、時計が遅れ、凍りついたようになってしまい、いつまで経ってもシュヴァルツシルト半径の境界を越えて先に進むことができないように見える。

　その理由は、実は、使っている座標系の問題なのだ。

　対数グラフのところでわかったことは、同じ現象をグラフで表す場合、どんな目盛りを使うかによって、その現象の「見え方」が大きく変わってくる、ということである。

　遠くでブラックホールを見ている人の座標系では、おかしなことが起きている。詳しくは付録をご覧いただくしかないが、要するに、分母に（$1-2M/r$）という因子が現れるのだ。rは半径方向の距離でMはブラックホールの重さ。つまり、$r=2M$のとき、分母はゼロになって、無限大となる。この$r=2M$は、シュヴァルツシルト半径である。

いったい何が起こっているのか?

この無限大は、座標系が悪いだけの話で、物理的に何かが無限大になるわけではない。「座標系が悪い」というのは、物理学者がよく使う表現だが、ちょっとわかりにくいかもしれない。これは、しかし、世界地図を思い浮かべれば、すぐに理解できる。

丸い地球の表面を網目で覆って座標系にするのが地図だが、用途によって、使い分けるのがふつうだ。古来、地図の図法がたくさん発明されてきた。丸い地球を四角にしてしまうメルカトル図法や、むいたみかんの皮のようなグード図法などなど。

だが、どんな場合にもうまくいく地図など存在しない。飛行機のパイロットと国土交通省と軍隊とでは、違った座標系を使っているわけだ。座標系は、目的に応じて使い分けるものなのである。

●ペンローズ図とはなにか

さて、ペンローズ図というのは、無限に遠いところを有限のところにもってきた図のことを言う。何気なく言ってしまったが、ペンローズ以前には、この図を描いた人はいなかったわけだから、この発明は、実はたいへんなことなのだ。

対数グラフの場合、ふつうのグラフを対数グラフにするために、$\log x$という数学的な変換を使った。対数の変換は、数学が嫌いな人には面倒臭く見えるかもしれないが、ちょっと数学をかじった人間には、非常に単純な変換である。だが、ふつうの時空図をペンローズ図に変換する数式はものすごく複雑で、かなり数学をやった人でも、「どうして、こんな変換に気がついたのか！」と悲鳴をあげるに違いない（実際の数式に興味がある読者は、巻末の付録を見てほしい）。

一般相対論の教科書のバイブルとして有名で、「電話帳」の異名を取る『Gravitation』（『重力理論』の書名で邦訳も出ている。巻末の参考図書参照）という分厚い本には、ペンローズ図について、次のような記述がある。

ペンローズこそが、このような図の発明者であり自由自在に図をあやつった人である。だが、ほかにもいくつか別の種類の図にペンローズの名前がついており、それらすべてに彼の名をつけると混乱を招くだろう。

（竹内訳）

これは、回転するブラックホールを研究したカーという物理学者の名前のついた図を「カー図」とよぶのは間違いで、発明したのはペンローズであることを述べた箇所。ペンローズは一般相対論の業績があまりにも多く、他人が思いつかないような図を描くので、どれもこれも「ペンローズ図」になってしまう、というわけ。この一節を読むだけで、ペンローズの業績の偉大さが知れようというものだ。

ところで、なんで無限の点を有限のところにもってくる必要があるのか?

実は、それには、れっきとした物理学的な理由がある。電磁場を例に、エネルギーがどのように分布するかを考えてから、重力場を考えると、その必要性が納得できる。

たとえば、点電荷がどこかにあるとする。エネルギーは、その点電荷のある点だけにあるわけではない。周囲に電場を形成するから、エネルギーは球形の広がりをもつ。そして、遠くにいくと電場は弱くなるから、エネルギーは、距離とともに減衰することがわかる。ポテンシャルは、距離に反比例して弱くなる。

そして、電磁場は、無限遠でゼロになるのである。

このように無限遠でゼロになる状況を物理学では、

「電磁場が漸近的《ぜんきん》にゼロになる」

と難しい言葉で表現する。

さて、電磁場の場合は、それでいい。確かに、距離が無限遠で電磁場のエネルギーはゼロになる。単純明快だ。

だが、重力場には、ちょっと問題があるのだ。

重力というのは、一般相対論では、「距離」と密接に関連している。アインシュタインの重力の描像では、時空がやわらかいゴムのようになっていて、それが曲がると「重力がある」というのである。そこにエネルギー（質量）があると、時空は曲がるのである。だが、時空が曲がるということは、とりもなおさず、距離が変わるということだ。

地球の上で、山や窪地《くぼち》を歩くと、平地を歩くより距離が長くなる。そりゃ、そうだ。直線距離よりも、上に行ったり下に行ったりするぶん、余計に歩かなくてはいけないからだ。つまり、曲がっている地形では、平らな場合に比べて、距離が変わるのである。

電磁場の場合、無限遠でエネルギーがゼロ、というのは、平らな時空があると仮定して、そこでの無限の距離で考えていた。つまり、時空に目盛りがついていて、その上に電磁場があるようなイメージである。方眼紙があって、その上に電磁場の強さを描いていくような感じだ。

ところが、重力の場合、時空自体の曲がり方こそが重力なのだから始末が悪い。時空を方眼紙に見立てると、その方眼紙がぐにゃぐにゃに伸び縮みするのである。そして、曲がり方が無限遠でどうなっているかを測る目安になる平らな方眼紙など、どこにも存在しない。

いいですか、ここのところは一度聞いただけではわからない難所。耳の穴をかっぽじって聞いていただきたい。

電磁場の場合、背後に時空という距離の目安になる「方眼紙」があったので、無限遠でどうなるかを数学的に論ずることができた。だが、重力場の場合、その背後の時空自体の歪みこそが重力の正体なのであって、それとは独立に、距離を測るのに役立つ目盛りなどない。目盛りという か、基準自体が曲がってしまうからだ。

まあ、星の重さによる重力場のような場合なら、ある程度遠くにいけば、すみやかに影響は消えゆくから、その影響がなくなった地点を基準にして論ずればいいのかもしれない。

だが、重力波は始末が悪い。重力波は、電磁波と同じで、光速で伝播する。そして、もともと弱い時空のさざ波であるため、それが無限遠でゼロになるということを厳密に論じないと困る。

さあ、どうすればいい。

ここでは、技術的な問題に深入りはできないが、結論から言うと、ハーマン・ボンディやペンローズらによって、うまい方法が考え出された。

ペンローズ図は、そのような物理学者たちの重力場との悪戦苦闘の過程で生まれたのである。

●ペンローズ図の鑑賞法①——まずは時空図を理解しよう

ペンローズ図の読み方を伝授しよう。

昔、一般相対論の専門家が素粒子物理の教官と大学院生を相手にセミナーをやったことがあっ

た。その一般相対論の専門家は、開口一番、
「素粒子物理学には意味不明な図がたくさん出てきます。その図の見方がわからないと、まったく話が伝わらないので、今日はまず、図の読み方から始めたいと思います。なんとも難しくて恐縮ですが、私が考え出したわけじゃない。文句は、発明者のペンローズに言ってください」
と一席ぶって、出席者は爆笑した。

だから、この図の見方はおそらく、物理学徒でもわからない人がいるのだと思う。

といっても、いくつかの決まりさえ覚えれば、そんなに難しいものでもない。そうですねえ、メルカトル図法の地図を平気で読んでいる人なら、大丈夫、読める、読める。

まず、時空図の説明から。

時空図というのは、その名のとおり、時空を図にしたもの。ふつうの地図は、空間図だが、それに時間軸を加えたのである。

映画のフィルムを考えよう（図2-8）。

映写機からフィルムを取ってきて、フィルムの一コマ、一コマをはさみで切って、時間の順に重ねる（a）〜（c）。これが、時空図である。空間のようすが変化するのだが、時間軸の上が未来で下が過去。ある時間に空間がどうなっているかを知りたければ、その時間のコマを見ればい

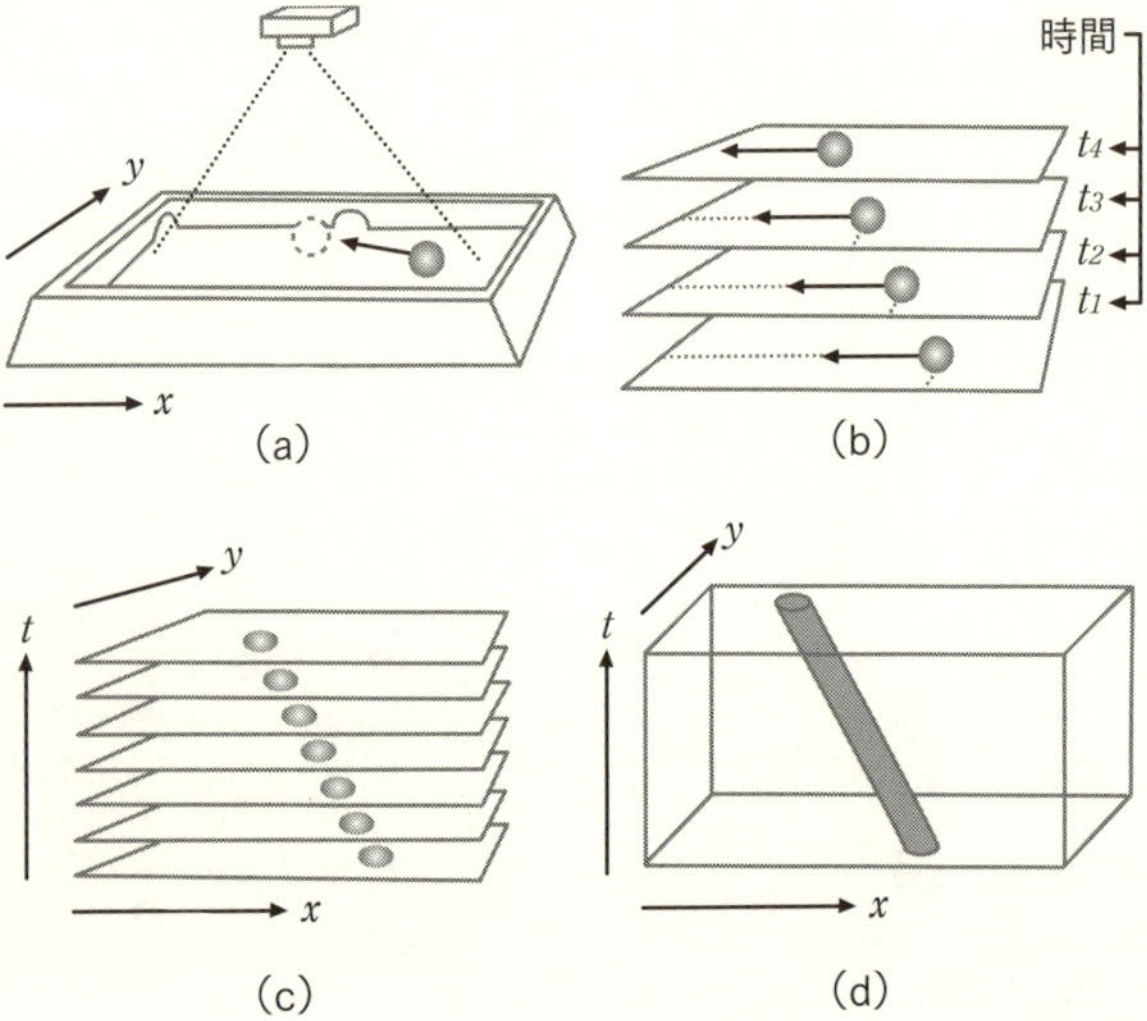

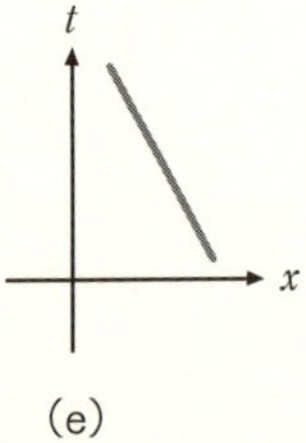

図2-8 フィルムの重ね図
(『Flat and Curved Space-Times』George F. R. Ellis and Ruth M. Williams(Oxford))

い。たとえば、地球のある地域の歴史をフィルムに撮っておいて、それを重ねたとすると、それは立派な時空図である。

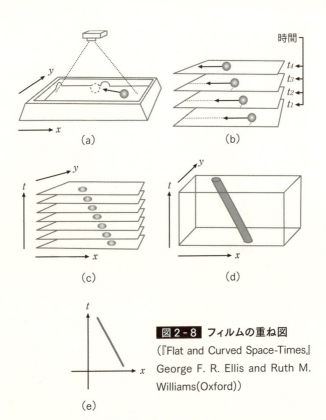

どうしてわざわざ、はさみで切るんだ。そのまま映写すればカンタンじゃないか。

確かにそうだが、それでは、時間の全体像はつかめない。一日で、過去から未来までの全体像をつかむためには、やはり、切って

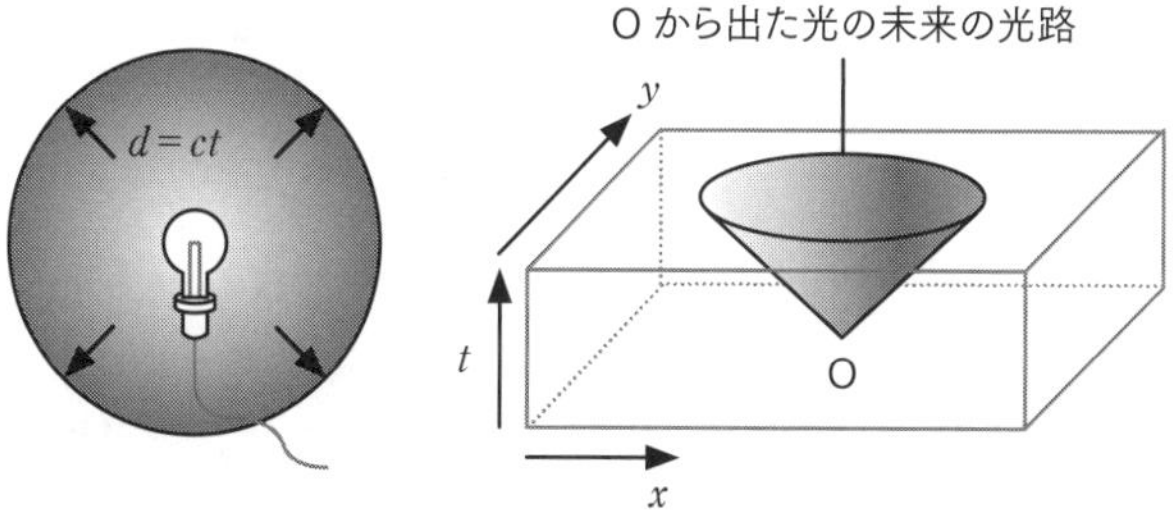

図2-9　光円錐の図（『Flat and Curved Space-Times』George F. R. Ellis and Ruth M. Williams（Oxford））

重ねて、いっぺんに見る必要がある。

もっとも、フィルムの場合、四角形なので、二次元になっていて図が見づらい（二次元というのは、縦と横の二つの軸があるということ。つまり、空間軸のxとyがあるということ。ⓓ）。そこで、多くの場合、二次元のフィルムの軸を一つだけ残して、単純化する。だから、時間軸のほかには、空間軸が一つだけになる。通常は、縦軸が時間で横軸が空間だ（ⓔ）。

時空図は、上下左右に無限に大きいと考える。

ここで、原点にある電球から四方に照射された光がどう描かれるかに注目してほしい。光は、時間とともに遠くまで達する。光速は約30万km／秒だから、時間軸の目盛りを1秒、空間の目盛りを30万kmにしておけば、光は、傾きがプラス・マイナス1の直線として表される。角度が45度である。

この光の軌跡のことを「光円錐」（light cone）とよぶ。

どうしてかというと、フィルムの空間次元をもとの二次元に戻すと、光が原点から円錐状に出ているから（図2-9）。

●ペンローズ図の鑑賞法②――「光の観点からの無限」を考える

ふつうの時空図は、アインシュタインのチューリッヒ工科大学時代の数学の先生であったヘルマン・ミンコフスキーの名をとって、「ミンコフスキー図」とよばれている。このミンコフスキー図では、無限遠は無限遠にあるので、紙の上に描いたのでは見えない。無限遠で時空がどうなっているかは見ることができないのだ。

平らな時空のミンコフスキー図には、いくつかの重要な無限遠の方向がある（図2-10）。

I^+：時間tは未来に∞、空間rは有限
I^-：時間tは過去に∞、空間rは有限
I^0：時間tは有限、空間rは∞
$\mathcal{I}^+$：$t+r$が∞、$t-r$は有限（出ていく光がこれから未来に行き着く無限遠）
$\mathcal{I}^-$：$t+r$は有限、$t-r$は∞（入ってくる光が昔いたであろう無限遠）

そう、一口に無限遠と言っても、どっちの方向に遠いかで話が変わってくる。ここで、無限の未来と無限の過去と空間的な無限遠はいいとして、最後の二つがくせものだ。これは、無限の未来と空間の無限遠（ϑ^{+}）と、無限の過去と無限遠の空間（ϑ^{-}）だ。原点から出ていく光が行き着く先の無限遠と、その逆に入ってくる光が出発した無限遠である。二つとも、光にとっての無限遠なのだ。

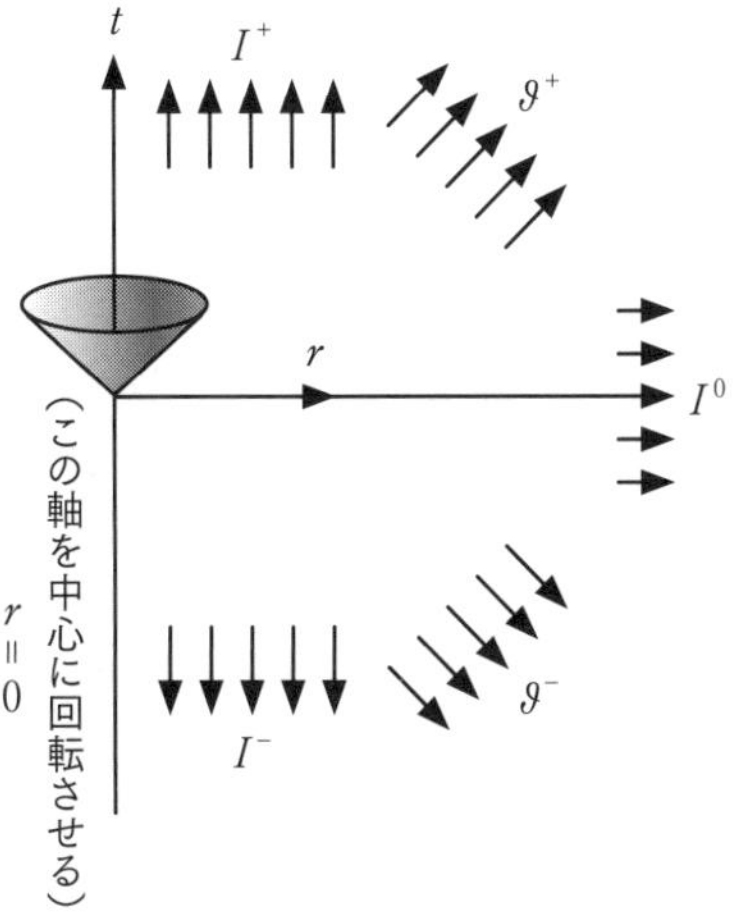

図2-10　ミンコフスキー図

相対論では、光速が特別な役割を演ずるため、「光の観点からの無限」を考えるのである。ちなみに、ここに出てきたIは英語のinfinity（無限）の頭文字で、肩の添え字は、未来、過去などといった意味をもっており、最後の二つは、筆記体の意味のscriptのϑなので、「スクリー」と読む。時空の無限は、未来、過去、空間、二つのスクリーというわけである。

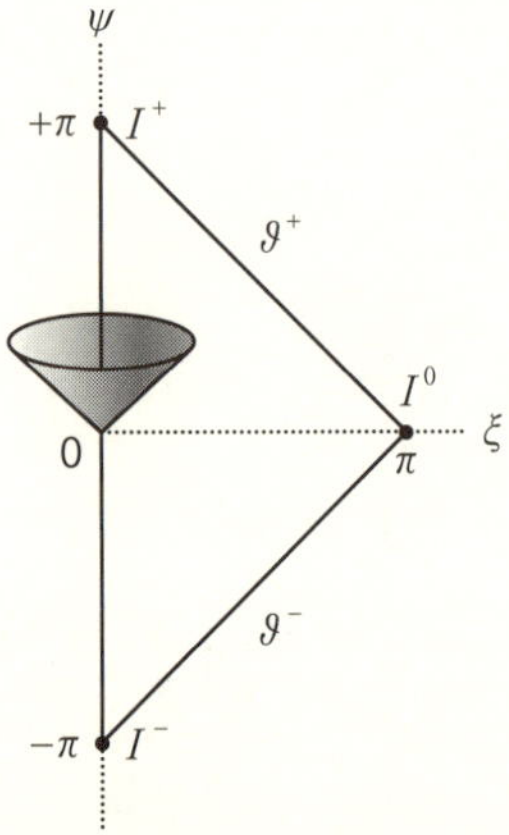

図2-11 ペンローズ図

●ペンローズ図の鑑賞法③
——宇宙を三角形に縮める

さて、いよいよお待ちかねのペンローズ図だ。ミンコフスキー図をペンローズ図にすると、tとrが、ψとξに変数変換されて（ψはギリシャ小文字のプサイ、ξはクサイ）、五つの無限遠点が、有限の距離に来たことがおわかりだろう（図2-11）。

ここで注目していただきたいのは、光の経路が、ミンコフスキー図と同じく、45度の角度のままな点だ。これは、角度を変えない変換という意味で「等角」（conformal）変換とよばれている。ペンローズ図への変換は、光円錐をそのままに保つ特殊な変換なのである。

ミンコフスキー図に方眼を入れると、それがペンローズ図でどうなるかがわかる。時間tが一定の線と空間距離rが一定の線を確認してほしい。これでわかることは、ペンローズ図というのは、要するに、二つのスクリーを無限遠から有限のところまでググーッともってきてしまったものということだ。頭の中で想像してみてほしい（図2-12）。

つまり、光が進む方向を動かさないように固定して、光にとっての無限遠を有限の距離にもってきてしまったのである。ある意味で、全宇宙を小さな三角形の中にぐーっと縮めてしまったのである（正確には、三角形の縦軸を中心に回転させたもの。さらに言えば、そうやって回転させたとしても、空間の次元を一つ無視しているのだが）。

ええい、わけがわからん。いったい何をやっているのか。

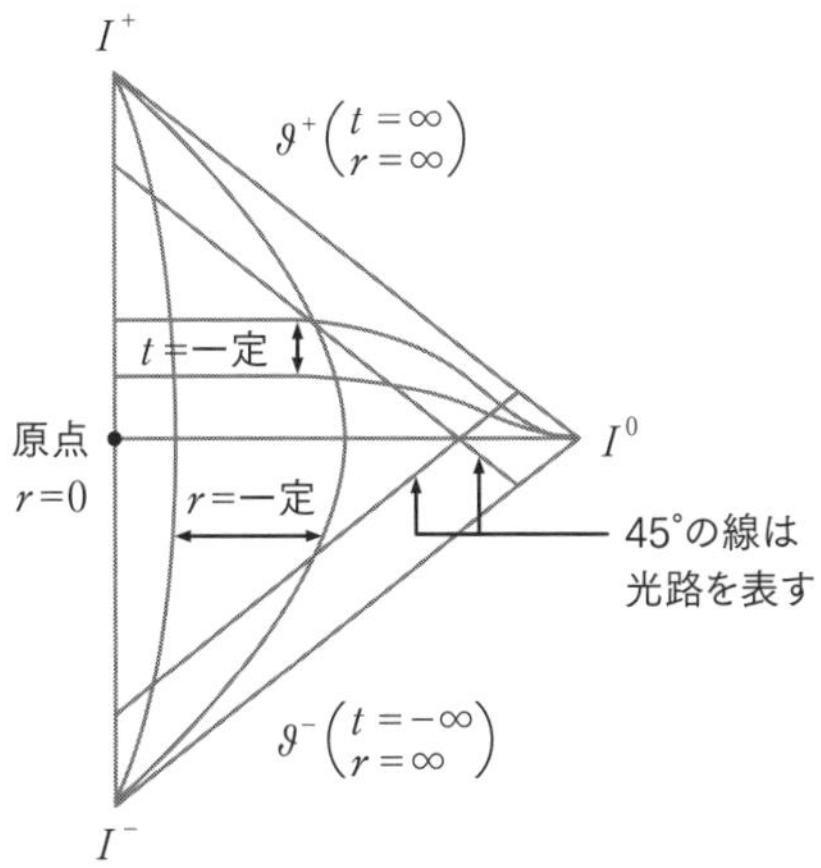

図2-12　拡大したペンローズ図

要するに、宇宙の無限に大きい時空図をぐーっと縮めて三角形の世界にして、全体像を俯瞰《ふかん》しているのだ。こうすると、宇宙のどこかで起こった事件が別の地点にどのような影響を及ぼすか、というような因果関係が明確になる。

ただ、ちょっと注意が必要だ。今、宇宙を三角形に縮めると言ったが、通常の時空図で四次元時空を二次元時空に簡略化して描いているのと同様、ここでも空間の三次元を一次元に簡略化してある。それがξ（クサイ）方向だ。空間を二次元にするには、ψ（プサイ）軸を中心にぐるっと一回転させてやればいい。三角形を回転させると、円錐を二つくっつけたような形になる。アイスクリームコーンのコーンを二つ丸いところで接着したような形。宇宙を、二つの合わせアイスクリームコーンの中に封じ込めたわけである。

●事象の地平線とホワイトホール

ペンローズ図を使って、「事象の地平線」と「ホワイトホール」を考えてみよう。

ミンコフスキー図でブラックホールを眺めていても、あまりよくわからない。というか、ブラックホールの周辺のようすはわかるものの、遠くでどうなっているのか、中はどうなっているのか、あまりよく見えてこない。

そこで、ブラックホールをペンローズ図にすると、驚くべきことに、ブラックホールの大局的な構造が手にとるように見えてくる（図2-13）。

この図の見方は少々難しい。

まず、いちばん右のIと書いてある領域に注目していただきたい。これは、さっきやったばかりの三角形のペンローズ図を拡張した領域と考えてほしい。この部分は、ブラックホールの事象の地平線（$r=2M$）の外側である。

次に、$r=2M$という線を越えて領域IIに入ると、そこはいわばブラックホールの中。もう外には出られない。

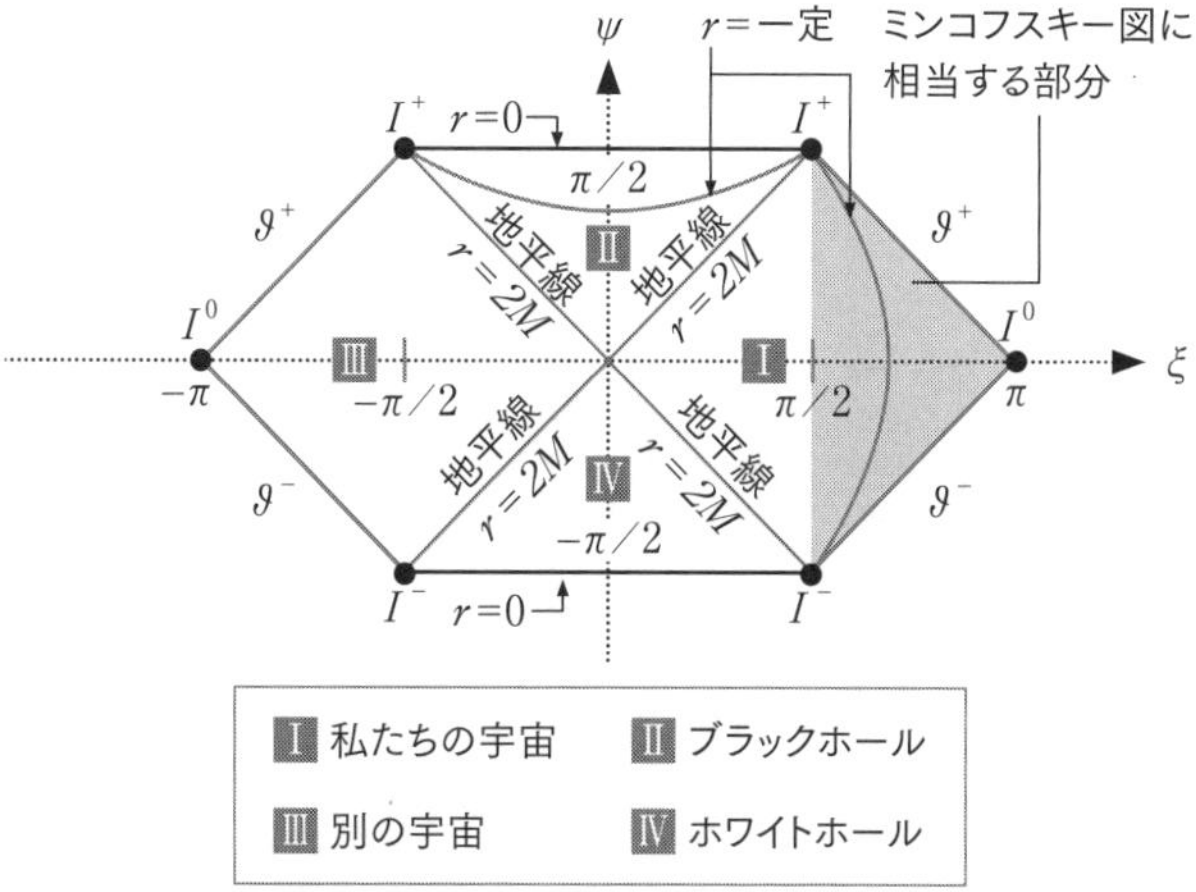

図 2-13 ブラックホールのペンローズ図

領域IとIIはそれぞれ、ブラックホールの外部と内部に相当するわけだ。原点からブラックホールに向けて光を発射すると、それは、シュヴァルツシルト半径（$r=2M$）を通って、ブラックホールの中に入って、やがて、特異点（$r=0$）に達する。

ここで、ブラックホールの内部IIでは、tとrの役割が逆転していることに注目してほしい。領域Iでは、距離rが一定の線は上端から下端に伸びていたが、領域IIでは、左端から右端に伸びている。

これは、物理的には、べつに時間と空間が逆転したわけではない。だが、領域Iでは時間が進むのを止められなかった人間は、領域IIでは、特異点に向かって進むのを止められない。そう考えれば、ある意味で、空間と時間の役割が逆転したのだと思ってもらっても差し支えない。

ブラックホールの外では年をとるのを止められない。年をとるのが嫌になった人間は、時間と空間の役割が入れ替わるブラックホールの中に入る決断をする。ところが、こんどは、地獄の特異点に落ち込む運命から逃れられなくなる。いずれにしろ、いつかは死ななくてはならない。人生、うまくいかないものである。

特異点の $r=0$ が、上下に2本ある線で表されているが、これは、無理やり無限遠点を有限のところまで引っ張ってきてしまったため、その皺寄せを喰って、特異点が間延びしたように見えるだけのこと。特に意味はない。

むしろ、問題は、領域IIIとIVの存在である。こりゃあ、いったい何だ？

実は、これがペンローズ図の威力なのだ。ペンローズ図は、無限の遠くまでも含めた全体像を見せてくれる。

領域IVは、ブラックホールの時間を反転したもので、「ホワイトホール」とよばれている。ブラックホールの正反対の性格をもっていて、ホワイトホールからは、なんでも出ることはできるが、決して中に入ることはできない。

図のいちばん下の特異点を出発した光は、やがて地平線を越えて、ホワイトホールの外に出てくる。領域IVから領域IIIへは一方通行なのである。

また、領域Ⅳから領域Ⅰに出ることも可能だ。

だが、もし、われわれが領域Ⅰに住んでいるとするならば、われわれは、決して領域Ⅲに行くことはできない。それは、われわれとは因果関係をもたない「別の宇宙」なのである。

●ふたたび特異点について

ペンローズの証明した「特異点定理」について、もう少し詳しく解説しよう。

特異点定理は、もちろん、万能なわけではない。特異点が存在するためには、いくつかの仮定がある。

物理学ではよく、「ダメ定理」というのがある。これは、定理がダメということではなく、何かが起こり得ない、というような証明のことだ。たとえば、フォンノイマンが証明した「隠れた変数の理論は量子力学と相容れない」という定理は、量子力学の代替案として隠れた変数の理論がダメ、という意味である。

あるいは、素粒子の「内部対称性」とよばれるものと、相対性理論の空間対称性は一緒にならない、というダメ定理もある。

フォンノイマンのダメ定理にもかかわらず、デヴィッド・ボームはある種の隠れた変数の理論を見事に構築したし、素粒子の定理のほうも、超対称性理論が出てきて、ダメ定理が必ずしもダメでないことが判明した。

その原因は明らかで、そもそも定理というものは、なんらかの「仮定」があって、その仮定のもとでの証明にすぎないからである。その仮定があてはまらないような状況が出現すれば、当然のことながら、ダメ定理は適用することができないのだ。

それと同じで、ペンローズの特異点定理にも、いくつかの仮定がある。

仮定１：アインシュタイン方程式は正しい
仮定２：因果律が成り立つ
仮定３：エネルギーが正
仮定４：捕捉面がある

最初の仮定については説明は不要だろう。

二番めの仮定は、過去から未来へと時間が進むということだ。これも当たり前のように思われるが、もしかすると、未来のある時間が過去のある時間とくっついて、時間が輪のようになっているやもしれぬ。そういう状態のことを「閉じた時間の曲線」(closed time-like curve) とよぶ。

もしも、閉じた時間の曲線があると、原因があって結果につながる、というふつうの物理法則の根底がくつがえってしまい、結果が先にあって、それが原因を作る、というような奇妙な状況が生まれる。そういう奇妙な世界には、ペンローズの定理は適用できない。時間が輪になっているということは、時間に始まりがないということであり、時間の始まりの特異点も存在しなくていいであろう。

だが、ちゃんと因果律が成り立つくらい正常な世界には、ペンローズの定理を適用することができて、特異点が存在するのである。

三番めの仮定も、エネルギーが正だというのは、ふつうは成り立つから、問題ないだろう（これを「エネルギー条件」とよぶ。この条件が成り立たない物理的な例は、残念ながら、私には思いつかない。もしあったら、教えてください）。

さて、解説が必要なのは、四番めの仮定である。いったいぜんたい、「捕捉面」（trapped surface）とは何だろうか？

捕捉面とは、光を捕捉する面のことだ。その面から外には、光でさえ抜け出ることができないような面のことである。

いま、三次元空間に仮想的な球面を考える。これがふつうの球面だったら、球の中から外向きに発射した光は、球の外に出ていくし、球の中心に向かって発射した光は、球の中心に向かう。それが、ふつうの状況だ。

ところが、球面が「捕捉面」になっていると、話はガラリと変わる。捕捉面の中から中心に向かって発射した光は、ふつうの場合と同じように中心に向かう。だが、捕捉面の中から外に向けて発射した光は、ふつうのように球面を通って外に出ていくことはできない。外に向けて発射したにもかかわらず、光は、球の中心に向かって飛んでいくのである！

言い換えると、光は、捕捉面に「捕まっている」のであって、外に出ようとしても出られない。というか、光を外に出さないような面のことを「捕捉面」と定義するわけである。

この状況は、イメージとしては、アリ地獄を思い浮かべるとよい。アリ地獄は、中心に向かって進む（つまり落ちる）ことは可能だが、外に抜け出すことはできない。本人は外に出ようと必死にもがくのであるが、気がつくと、ずるずると中心に向かって流されてゆく。アリ地獄の窪んだ地形の円周が、一種の捕捉面になっているわけだ。

この捕捉面は、実は、前に出てきた「事象の地平線」と同じである。ただ、地平線には、本当は二つある。未来の地平線と過去の地平線で、それぞれ、「事象の地平線」と「粒子の地平線」とよばれている。

ブラックホールの場合は、シュヴァルツシルト半径が事象の地平線になっている。これは、未来の地平線である。つまり、未来永劫、その中を覗くことができない、という意味での到達不可能な地平線である。

それに対して、宇宙論の場合は、光速で飛んでくる光が宇宙の年齢の間に旅することのできる距離が「粒子の地平線」になっている。星の光を観測する行為は、過去に星から出た光を「今」地球でキャッチしているわけだが、粒子の地平線よりも遠い距離にあると、まだ地球に光が到達していないので見えないのである。それ以上、過去にさかのぼっては観測ができない、という意味で、これは過去の地平線なのだ。

「捕捉面」というのは、観測する人間の立場ではなく、むしろ、主人公の視点を「光子」に変えて、自分が囚われているか否か、で定義されるため、より概念が明確になっているような気がする。ただ、ここでは、捕捉面は地平線のことだと思ってもらって、差し支えない。

さてさて、ペンローズの特異点定理は、結局のところ、

捕捉面ができるほど空間が湾曲してしまうと、もはや特異点の出現を免《まぬか》れない

という意味なのである。

いったん、光が外に出られないほど空間がひん曲がってしまうと、その曲がり方はどんどんひどくなって、しまいには、地獄の特異点ができるまで「潰れてしまう」ということなのである。

英語に「ポイント・オブ・ノー・リターン」（もはや後にひけない段階、point of no return）と

いう言葉があるが、捕捉面ができた時点が、このポイント・オブ・ノー・リターンなのである。あとは地獄へ真っ逆さま。

さらに英語には、「キャッチ22」という言葉もある。米国の作家ジョセフ・ヘラーの小説の題名で、日本語にすれば、さしずめ「八方塞がり」というような意味。内に向かっても外に向かっても、罠から抜け出すことはできない。捕捉面というのは、この「キャッチ22」のような、にっちもさっちもいかない状況を表している。

第3章

シュレディンガーの猫

量子力学の世界

「量子力学は不完全だ」

このアインシュタインの信念を受け継いでいるのが、現代数理物理の雄、ロジャー・ペンローズ卿その人である。特に、確率解釈と、いわゆる波束の収縮に関係する「観測問題」は、今でも科学哲学者を巻き込んで論争が続いている。

日本では、町田茂・並木美喜雄両氏による理論で観測問題には決着がついたとする見解もあるが、たとえば江沢洋氏などは決着はついていない、との立場である。

ペンローズは、観測問題に人間の主観を持ち込むことを拒否し、アインシュタインが求めたように客観的な波束の収縮が起こるのだと主張する。
観測問題を整理したうえで、ペンローズの主張について考えてみたい。

●ヘッジファンドと量子論

量子論をかいつまんで解説してみたい。

量子論が古典力学と大きく違うのは、「観測」の役割にある。たとえば、古典力学でボールが机の上を転がるのを記述するとき、当然のことながら、理論予測と実験値とを比較する必要がある。理論と実験がよく合えば、いい理論ということになるし、同時に、正確な実験だったということになる。

さて、古典力学の場合、実験では、たとえばボールの動きをビデオに撮ることが考えられる。ボールは、理論に従って動き、それをビデオで撮影する。それだけのことだ。実験とは、言い換えると「観測」である。ビデオでボールの動きを観測するのである。ここでは、理論と観測は切り離されている。

量子力学になると、観測の重要度が増す。というより、観測抜きに量子論を語ることはできなくなる。量子論に登場するボールは、通常、電子やμ（ミュー）粒子といった小さな小さな素粒子である。古典力学の場合と同様、ビデオのような機材で観測してみよう。だが、電子のような素粒子はあまりにも小さいので、観測されると動きが変化してしまう（実際は、もちろん、ビデオではなく、特別な検出器を使う。あくまでも原理的な説明である）。

観測とは見ることであり、見るためには光が必要だということだ。光というのは、物理学では「光子」とよんでいるが、やはり、電子のように小さな粒なのだ。だから、電子を観測するために光を当てるというのは、要するに、小さな電子に小さな光子を衝突させて、跳ね返ってきた光子をフィルムがとらえるのである。

古典力学の場合は、ボールが大きい。物質の階層構造を書いてみると、

素粒子（電子）↓原子↓分子↓ふつうの物体（ボール）

となる。だいたいの重さで比べてみると、素粒子がいかに軽く、ふつうの物体がいかに重いかが実感できるはずだ。キログラム単位で、素粒子からふつうの物体までを書くと、

10^{-30} kg↓10^{-27} kg↓10^{-24} kg↓1 kg

という感じになる。あくまでも目安である。光を1kgのボールに当てても、ボールは微動だにし

ない。ボールが十分に重いからである。だが、電子は、ボールの重さを10で30回割った重さ（10^{-30}というのは、慣れないとわかりにくいかもしれない）。10^{-1}は10分の1のこと。10^{-4}は10000分の1のこと。エトセトラ、エトセトラ。

電子は、あまりにも軽くて、まさに吹けば飛ぶような状態なのだ。だから、勢いよく光子が飛んできてぶつかれば、その衝撃で、電子はあらぬ方角に吹っとばされてしまう。

さて、これはたいへんなことです。なにしろ、「観測」に使った光子が原因で、観測されていた物体（電子）の位置が変わってしまうのだから。このように、観測によって、観測されていないものの状態が乱れるのが、量子論の特徴なのだ。

ということは、理論が観測と独立していては、うまく結果を予測することができない、ということになる。理論には、観測による乱れも含まれていないと困る。

もちろん、吹っとばされた電子が正確にどの方角に飛ぶかはわからないので、量子論の理論予測は、どうしても確率的にならざるをえない。

この状況は、ちょうど、経済の「ヘッジファンド」に似ている。前世紀末に産声を上げて一国の経済を揺るがし、大企業を廃業に追い込むほどの影響力をもつようになった妖怪。ヘッジファンドというのは、大金持ちから出資を募って、それを投機的に運用する組織で、一般投資家ではなく大金持ちだけが対象だ。彼らは法律で保護されない代わりに、法による規制も手薄だった

（最近は、一般投資家からの資産を長期的に運用する良心的なファンドも出てきたし、数学者が運営するファンドもある）。

まあ、ヘッジファンドのしくみはともかく、彼らの経済に対する影響は、ちょうど、量子論の観測者の役割に似ている。昔は、経済の変動に合わせて、投資家が投資をしたものだ。買った株が値上がりすれば儲かるし、値下がりすれば損をする。会社も国も、一所懸命に働いて、いい製品を開発して売れば、株や貨幣価値が上がったものだ。投資家はただ、それを外から観測するのみ。株や貨幣価値に大きな影響を与えることはなかった。

だが、ヘッジファンドが運用する金額は、大企業の年間売上をはるかにしのぎ、一国の年間予算に匹敵するような巨額にまで膨らんでしまった。ということは、ヘッジファンドが買った株が値上がりし、ヘッジファンドが売った株が値下がりするということで、経済に直接、大きな影響を与えるようになったのである。

昔、エディー・マーフィーとダン・エイクロイド主演の『大逆転』という映画を観た。証券会社のオーナー兄弟にはめられて会社をクビになった男が、復讐に立ち上がり、いわゆる空売《から》りの手法で大金持ちになって、逆にオーナー兄弟が破産する、という筋だったように思う。

ふつうは、株価が低いときに買って、後で株価が上がってから売るのであるが、空売りは、先にもっていない株を売って、後で株価が下がってから買うのである。実際に会社の業績が悪くて株価が下がるのは理解できるが、ヘッジファンドの思惑《おもわく》で株価が下がってほしいという理由で大量の空売りが出たために株価が下落して、会社が潰れて数千人の雇用が失われるとあらば、自由経済の原則も考え直さないといけないだろう。

経済批判はともかく、この経済状況は、「観測」によって系そのものが大きく乱れてしまうという意味で、量子力学の世界に酷似している。私は、ヘッジファンドのしくみを、量子論の数学を使って分析したら面白いのではないかと考えている。量子経済学というわけである。

これと似た話だが、以前に友人の茂木健一郎が、物理学でふつうに使われる「ラグランジアン」という手法を使って数理経済学をやったら面白い、と主張していた。あれから30年が経った今、経済学の教科書にはふつうにラグランジアンが載るようになった!

ラグランジアンというのは、「そこからすべてが出てくる」不思議な量で、おおまかには、運動エネルギーとポテンシャルエネルギーの差のようなもの。物理学者は、ある系を研究するとき、必ず、その系のラグランジアンを書き下す。ラグランジアンさえわかれば、あとは、決まった方法によって方程式が出てくるしくみなのだ。

ニュートン力学にもラグランジアンはある。一般相対論にもラグランジアンはある。経済学のラグランジアンは、いったい、どんな形をしているのであろうか。実は、経済学においてエネルギー差に相当する概念は「コスト」なのである。

●量子論と確率

量子論では、観測によって系の状態が変わってしまい、測定値の予測も確率的になる。たとえば、時計の振り子が極微になったと仮定して、それを量子論で計算すると、振り子のエネルギーを予測することができる（正確には、振り子の微小振動。バネの振動と同じ）。この計算は、どんな量子論の教科書にも出ているが、その答えは、

エネルギー＝$\frac{1}{2}$、1、$\frac{3}{2}$、2、$\frac{5}{2}$、……

というふうな飛び飛びの値のどれかをとる。単位は、非常に小さく、ほぼ10^{-34}ジュールである。この単位のことを「プランク定数」とよんで、通常は英語のhで表す。ほぼ、と言ったのは、1秒間に何回振動するか、つまり振動数ν（ニュー）が決まっているわけなので、その因子が余計にかかるため。エネルギーは、$h\nu$を単位に$\frac{1}{2}$の整数倍になるのだ。

エネルギーは、この飛び飛びの値のどれかになるのであるが、具体的にどれになるかは、観測してみないとわからない。

これが、量子論は確率的だ、ということの意味である。数学では、行列といって、数を縦横の

行列に並べるのであるが、今の場合、

$$
\text{エネルギー} = \begin{pmatrix} 1/2 & 0 & 0 & 0 & \cdots \\ 0 & 1 & 0 & 0 & \cdots \\ 0 & 0 & 3/2 & 0 & \cdots \\ 0 & 0 & 0 & 2 & \cdots \\ \vdots & \vdots & \vdots & \vdots & \ddots \end{pmatrix}
$$

というように、行列の対角線上にエネルギーがとる値の「候補」が並ぶ。その中のどれになるかは、確率的にしか予測できない。

ここでは、次のことを頭に入れておいてほしい。

量子力学で確率的に実現する観測値は、行列の対角線に並ぶ

●「波束の収縮」とはなにか

量子論の頭痛のタネが、いわゆる「波束の収縮」の問題だ。

現役の物理学者でこの問題に正面切って取り組む人は多くないが、昔から大物の物理学者が年をとると、好んでこの問題に首を突っ込んできた感がある。若いうちに首を突っ込むと研究が進まずに物理学者として大成しない、と物理学科の教授は授業で耳にタコができるほど、「やってはいけない研究」について語るものだが、波束の収縮の問題も、そのようなタブーの一つである（他に「エルゴード問題」という統計力学の難問などがある）。

この問題は、

観測によって、いかにして波束が収縮するのか

を解明するもので、これまでに、さまざまな提案がなされてきた。

さきほど、量子論は確率的だと言ったが、「波束」というのは、確率の波が束になっているという意味だ。

「てめえら束になってかかってきやがれ」

というようなときの、あの束である。その確率の波の束は、時間とともに宇宙空間に広がっていくが、観測したとたんに、どこにあるかが判明して、束が1ヵ所に集まるのである。だから、「波束の収縮」という。

●アインシュタインvs.ボーア

アインシュタインとボーア。20世紀の物理学の二大巨星である。

この二人は、対照的な哲学をもっていた。それは、実在論と実証論とよばれる。ペンローズとホーキングのところで出てきたが、実在論というのは、物理的対象が世界の中に実在する、という立場。たとえば電子は実在する、と考える。それに対して、実証論というのは、物理学は理論予測に従って実験器具の目盛りを読めばよく、物理的対象が実在するかどうかというのは形而上学的な問題だ、と考える。形而上学というのは、メタ・フィジックス、つまり、物理学を超えた問題、というような意味（ギリシャ語のメタは「超える」ではないが、いつのまにか、そういう意味で使われるようになったらしい）。

われわれは、目の前にある物体、たとえば机が実在するのは当たり前だと考える。少なくとも、ふつうの人は、そう考える。でも、最近のテクノロジーの発展によって、必ずしも、そうと言えない状況が出現しつつある。

先日、レストランで熱帯魚のきれいな水槽を眺めていたら、「画面」が切り替わり、魚の種類も一瞬にして変わってしまった。つまり、私が見ていたのは、実在する水槽ではなく、ヴァーチャル・リアリティーの画面だったのである。これは、かなりショッキングな出来事であった。

目の前にあるからといって、それが実在するかどうかは、簡単には判断できないのである。

アインシュタインとボーアの論争については、量子論の深い議論が必要になるので、ここでは深入りしないが、簡単な例で説明してみよう。

子供のころ、障子に指で穴をあけて、中を覗《のぞ》いて叱られた覚えがある。ここでは、障子に二つ穴をあけておく。そして、部屋の中の電灯をつける。ただし、この電灯は、明るさを調整することができて、非常に暗くて、光子が一つずつ、ぽつっ、ぽつっ、と放出できるものとしよう。さらに、電灯は障子の方角を向いているので、電灯から出た光子は、障子の穴に向かうとしよう。さて、障子のこちら側で、光センサーをもって待ち構えていると、部屋の電灯から出た光子をキャッチすることができた。そこで質問である。

「はたしてこの光子は、二つの穴のうちのどちらを通ってきたのか?」

この質問に対する答えは、あまり簡単でない。実在論と実証論で答えが大きく食い違うのである。

実在論の立場では、飛行中の光子も実在するので、

「光子は、二つの穴のどちらかを通ったに違いない」

となる。きわめて常識的な答えである。

実証論の立場では、飛行中の光子は測定していないから実在すると言ってはいけない。測定し

ていないから、「ある」かどうかを問うこと自体、無意味だと考えるのだ。だから、

「どちらの穴を通ったか？　という質問は無意味である」

と答える。あるいは、

「あえて答えるならば、両方の穴を通ったと言うしかない」

という答えになる。

「どっちか」と「どっちも」。一字違いの二つの言葉の差は大きい。

アインシュタインは、相対性理論で世間の度肝を抜いて、常識を覆《くつがえ》したが、量子論においては、きわめて常識的な立場を堅持した。実在するものは実在する。それがアインシュタインに代表される実在論の立場だ。その実在する光子が、どちらかの穴を通るというのも、また、常識的な答えである。

ボーアに代表される実証論では、電灯から出た瞬間に、光子の実在うんぬんは無意味となり、光センサーでとらえた瞬間に、また実在が意味をもつ。でも、途中を飛んでいる間は、実在という概念が意味をなさない。そして、光子も波の性質をもっており（電磁波！）、二つの穴の両方を波が通り抜けて、通り抜けた後に干渉したような観測結果になるため、光子は二つの穴を同時に通り抜けた、と結論づけるのである。

今の時代、どちらの立場が定説になっているかといえば、やはり、ボーアの立場であろう。ボ

ーアはデンマークのコペンハーゲンで研究していたので、このような実証論的な立場を「コペンハーゲン解釈」とよんでいる（科学哲学の立場からは、もっと詳細な分類が必要だが）。

第2章で見たが、もう一度確認しておくと、ペンローズは、アインシュタインの哲学的な後継者であり、ホーキングは、ボーアの後継者だと位置づけることができる。

●ボーアの相補性――その「または」の意味は？

電子にしろ光子にしろ、量子力学の対象は、次のような言葉で特徴づけられる。

波または粒子（wave OR particle）

ここでの「または」というのは、かなり微妙な表現である。日常用語としての「または」は、たとえば「雨が降るか、または、曇り」というように使われる。雨であると同時に曇ることはないので、どちらか一方だけ、という意味である。

ところが、数学用語（論理学用語）としての「または」は、このような日常的な使われ方とは違う。数学者が「$x=3$、または、$x=5$」というときは、

①x＝3だけれどx＝5でない
②x＝5だけれどx＝3でない
③x＝3で、同時に、x＝5である

の三つの場合をひっくるめて意味している。つまり、「どちらか一方」（①、②）という可能性のほかに、「両方とも」（③）という可能性も含んでいる。

日常生活で使われる、「どちらか一方」という意味の「または」のことを、専門用語では「排他的OR」（exclusive OR）とよび、「XOR」とも書く。これに対して、数学者の「または」は通常、そのまま「OR」とよばれる。

実は、論理学の歴史をたどってみると、この「XOR」を使い続けてきたために、論理学は大幅に進歩が遅れてしまったことがわかる。つじつまの合う論理体系を作るためには、数学者の意味での「OR」を使う決断が必要だった。

現在の論理学は、記号論理学とよばれていて、爆発的な発展を遂げているのだが、その発展が始まるためには、われわれが何気なく使い続けてきた「または」という言葉のあいまいさを除去して、XORからORへ移行する必要があったのだ。

よく英語で「and/or」という表現を見かけるが、これは、どちらか一方でも両方でもいい、

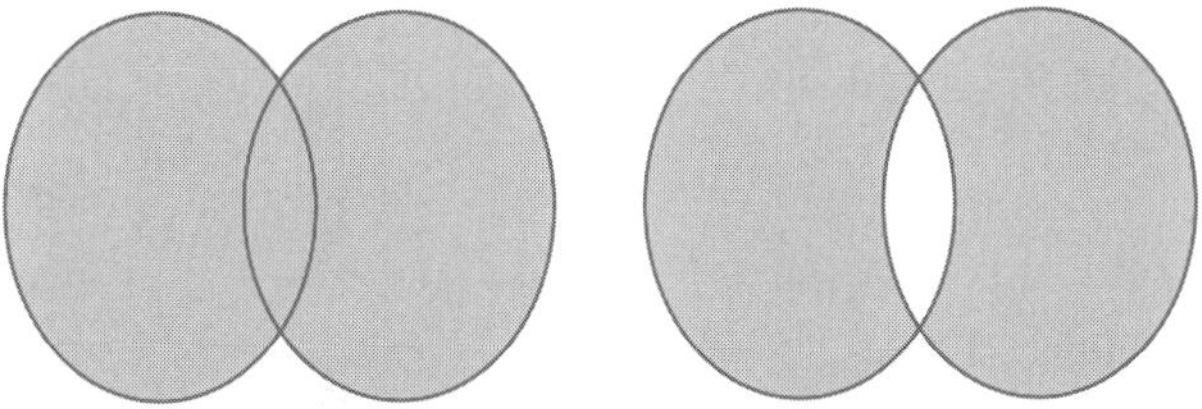

図3-1　XORとORのベン図

という意味で、要するに数学者の使う「OR」のこと。つまり、日常言語の「かつ」と「または」を組み合わせたのが、数学者の「または」なのだ（図3-1）。

ええと、論理の話に脱線したが、量子力学で、電子や光子が「波または粒子」であると言うとき、この「または」は、はたして「XOR」なのか、それとも「OR」なのか？

ボーアによれば、これは「XOR」なのである。すなわち、日常言語の「または」なのだ。

電子や光子は、いったん測定すると、粒子のようにふるまうか、または、波のようにふるまう。この二つの性質は「相補《あいおぎな》う」ため、これを量子力学では「相補《そうほ》性」とよんでいる。

●宇宙のすべては波か粒子

波というのは、「回折」と「干渉」によって特徴づけられる。

中学か高校で、波の回折実験と干渉実験をご覧になったことがあるはずだ。さきほど、障子に穴を二つあけて光子を通り抜けさせる話をしたが、学校では、水の波紋を使って実験をする。水槽に水を入れて、その水槽の真ん中に板を置いて区切る。ただし、板には小さな隙間を一つあけておく。この隙間のことをスリットとよぶ。スカートのスリットと同じ言葉だ。左から板に向かってきた波紋は、この狭いスリットを通り抜けると、不思議なふるまいを示す。すなわち、スリットの両側に回り込んで折れるように、波面が広がるのである。これが回折現象である（図3-2）。

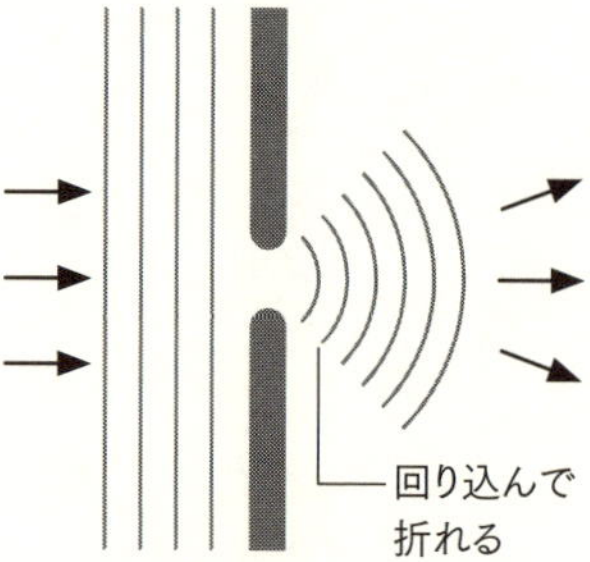

図3-2　回折の図

干渉は、二つのスリットを必要とする。回折実験と同じように、板の左から波紋が近づいてくる。二つのスリットでは回折が起こり、あたかも二つのスリットが波紋の中心のようになり、二つの波紋が広がる。やがて、二つの波紋は交わる。そして、波の山と山が重なると山が大きくなり、山と谷が重なると波は消える。こうして、二つの波は互いに干渉し合うのである。これを写真に撮ると、まだら模様、いわゆる「干渉パターン」とよばれるものが写るのである（図3-3）。

波は、この回折と干渉という二つの性質をもっている。そして、波は全体に広がる。波は、ココとかアソコにあるのではなく、波紋のように全体に広がっているのである。波は広がっているので、一

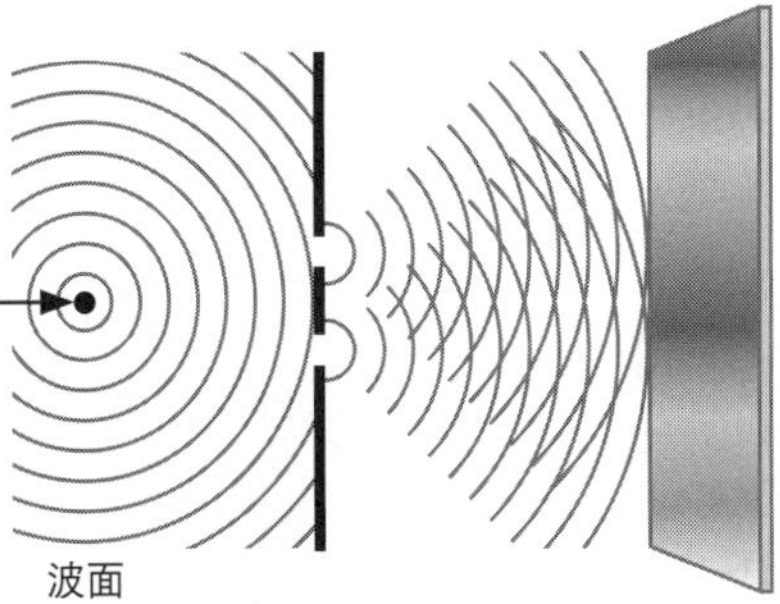

図3-3　干渉パターン

つ、二つ、という具合に数えることが難しい。波源を数えることは可能だが、波そのものは、数えられない。

では、粒子はどうだろうか？

粒子は、鉄砲玉のようなイメージであり、一つ、二つ、と数えることができる。そして、ココとかアソコにある。全体に広がってはいない。粒子は、回折も干渉もしない。

このように、粒子という性質と波という性質は、相容れないように思われる。電子が波であるなら、それは粒子ではないはずだし、その逆もまたしかり。

確かに、机や車といった巨大な物体についてはそのとおりだが、電子や光子といった微小な「物体」の場合、粒子の性質と波の性質をあわせもっている。そこで、波のウェーヴと粒子のパーティクルを組み合わせて、「ウェーヴィクル」という言葉まで生まれた（ただし、この言葉は、あまり普及しないで終わったが）。

このウェーヴィクル、実は、世の中のすべての物質にあて

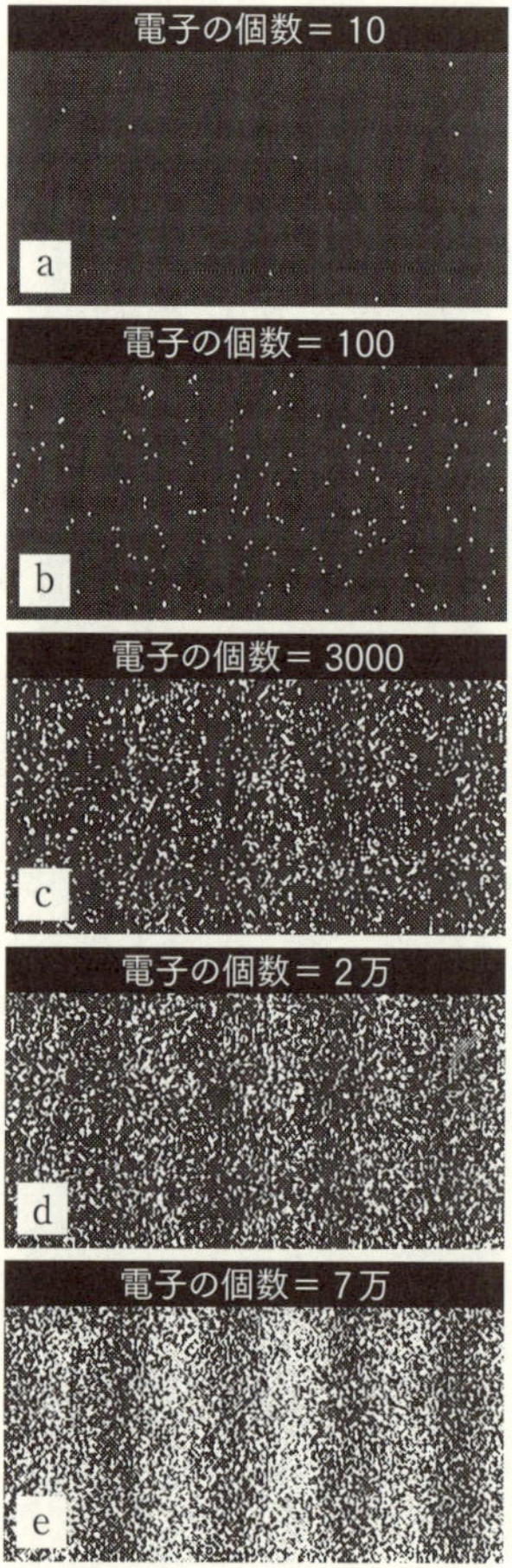

図3-4 量子の干渉 この図は電子だが、光子でも同じことが起きる（『ゲージ場を見る』外村彰著、講談社ブルーバックスより）

はまる言葉である。量子力学は普遍的な物理法則であり、電子にはあてはまるがμ粒子にはあてはまらない、というようなものではない。

宇宙にあるものは、すべてウェーヴィクルである。波か、または、粒子である。ただ、この波の性質と粒子の性質、観測装置で測ろうとすると、どちらか一方の性質しか現れない。それが、ボーアの主張した相補性である。

二つのスリットを通り抜けた光子は、やがて写真のフィルムにぶつかって記録される。一つの光子は、フィルム上に、ぽつっと一点が白くなって記録される。これは、紛れもない粒子性である。ところが、同じように光子を一つずつ送り続けると、やがて、フィルムには白い点がたくさん写るようになる。そして、驚くなかれ、そこには、紛れもない干渉パターンが現れるのである。これは、光子の波の性質である（図3-4）。

●ボームの実在論的解釈

アインシュタインの実在論は、どこにいってしまったのか？　実在論は間違っているのか？　量子力学を実在論的にとらえることは不可能なのか？

いいえ、実在論は死んだわけではありません。光子が、二つのスリットの両方ではなく、粒子のようにどちらか一つを通り抜けながら、なおも干渉パターンを示すような、実在論的な定式化が存在する。

それが、デヴィッド・ボームの量子力学なのだ。ボームの方法では、ボーアと違って、

波かつ粒子（wave AND particle）

だと考える。ただし、これは、ちょっと説明が必要だ。

ボームは、量子力学の草分けであるアインシュタインやシュレディンガーやド・ブロイの後継

者である。ボームは、マッカーシズム吹き荒れるアメリカの赤狩りの犠牲者で、事実上の国外追放の憂き目を見る。そして、ブラジル、ロンドンという具合に渡り鳥になって物理学の研究を続けているうちに、量子力学の実在論的な解釈を発見した。

ボームの解釈は、ボーアやハイゼンベルクに代表されるコペンハーゲン解釈とは真っ向から対立する。しかし、量子力学の方程式が変わるわけではない。ただ、その解釈が違うのである。

ここに一つの電子があって、スリットを通り抜けるとする。この電子は、はたして波であるのか、それとも粒子であるのか。ボーア流では、「波または粒子」であり、途中のスリットも二つ同時に通り抜けるにもかかわらず、フィルムに集まった点は、全体としては干渉パターンを示すのであった。

私は、正直言って、なんだか気持ち悪い。

だって、二つのスリットを同時に通るのだから、それは波のはずなのに、フィルムに感光するのは一点であり、それは粒子の性質だからだ。そして、たくさん繰り返すと、点の数が増えていき、いつのまにか、それが波の干渉パターンになっている。これは、いったいどういうことか。

一つの電子は、途中では波になって二つのスリットを通り抜けて、その二つの波が干渉を起こして、最後の最後の時点で、また粒子に戻るのか？　それとも、時間をおいて放出されるたくさんの電子が、時間を超えて干渉し合って、干渉パターンを形成するとでもいうのか？

いずれにしても、しっくりこない。

ボームも、この問題に悩んだあげく、一つの解決策を思いついた。それは、ド・ブロイが「パイロットウェーヴ」とよんだ方法を、数学的に正しく定式化したものだ。

光子を例にとると、光子は、あくまでも粒子であり、実際にどちらかのスリットを通るのである。だが、光子には、進む方向を決めるガイド役の波が付随している。そして、そのガイドの波にどんぶらこ、どんぶらこと揺られながら、粒子である光子は、スリットを通って、フィルムのある一点まで運ばれる、というのだ。パイロットというのは、水先案内人のことなので、パイロットウェーヴは、「道を教えてくれる波」なのである。

つまり、光子は、ボーアの言うように相補的な粒子性と波の性質の間を行ったり来たりして変身するのではなく、つねに粒子と波が共存する、と考えるのである。光子は、位置の決まった粒子と進む方向を決めてくれるガイド役の波を一緒にしたものなのだ。それが、「波かつ粒子」の意味である。

光子＝点粒子＋ガイドしてくれる波

この解釈では、光子や電子は、つねに粒子であり続ける。そして、その周りには、つねに先導してくれる波が存在する。光子の粒子の部分は、二つのスリットのどちらか一方を通る。だが、付随する波は、両方のスリットを通る。そして、波が干渉するために、波によって運ばれる粒子も、その方向を変えて、フィルムに到達する。たくさんの光子を放出すると、白い点がたくさんになって、全体として干渉パターンを形成する事情も理解できる。なにしろ、波の部分はつねに二つのスリットを通り抜けて、干渉し合っているのだから。

　これは、イメージとしては、水槽の実験で水の波紋を作って、そこに小さな花粉（粒子）を落としたようなもの。波に揺られて、花粉は進んでゆく。最初に波のどこに花粉を落とすかによって、その後の花粉の進路も決まる。最初の位置によって、どちらのスリットを通るかも決まるし、最終的に、水槽の右端のどこに花粉が付着するのかも決まるのである。

　ボームは、パイロットウェーヴではなく、「量子ポテンシャル」という言葉を使っている。これは、ちょうど、重力ポテンシャルの中を物質が落下するのと同じしくみだ。太陽系の惑星が楕円軌道を描くのも、おもに太陽の作る重力ポテンシャルの中で、運動エネルギーをもった惑星が動くのである。あるいは、電磁ポテンシャルの中を荷電粒子が運動するのとも同じ考え方だ。

　ただ、ふつうのポテンシャルと違って、量子ポテンシャルには、いくつかの奇妙な点がある。それは、第一に、量子ポテンシャルが場の振幅によらないことだ。第二に、量子ポテンシャルの力の伝わり方が一瞬で、あたかも光速度を超えるかのような印象を与えること。

第一の点については、ふつうのポテンシャルと比べると話がわかりやすい。重力などのふつうのポテンシャルでは、場の強さによってポテンシャルの大きさも変わる。電磁波で説明すると、波の振幅が大きいと荷電粒子に及ぼす影響も大きい。ところが、量子ポテンシャルは、場の大きさによって変わらないのだ！

「そんな奇妙なポテンシャルがあってたまるか！」

と、多くの物理学者の不興を買うわけである。ボーム自身は、これについて、次のように述べている。

このようなふるまいは、古典物理の観点からすれば奇妙に見えるかもしれない。だが、実生活のレベルではふつうのことなのだ。たとえば、船が電波に誘導されてオートパイロット航行しているとしよう。この場合も電波の効果は、その強さではなく形だけに依存する。要は、船が自らのエネルギーで動いていることで、電波の形がはるかに大きな船のエネルギーをコントロールするのに使われていることだ。私は、だから、電子も自らのエネルギーで動いていて、量子の波の形が電子のエネルギーをコントロールするのだと提案したい。

（『The Undivided Universe』 D. Bohm and B. J. Hiley, Routledge ／竹内訳）

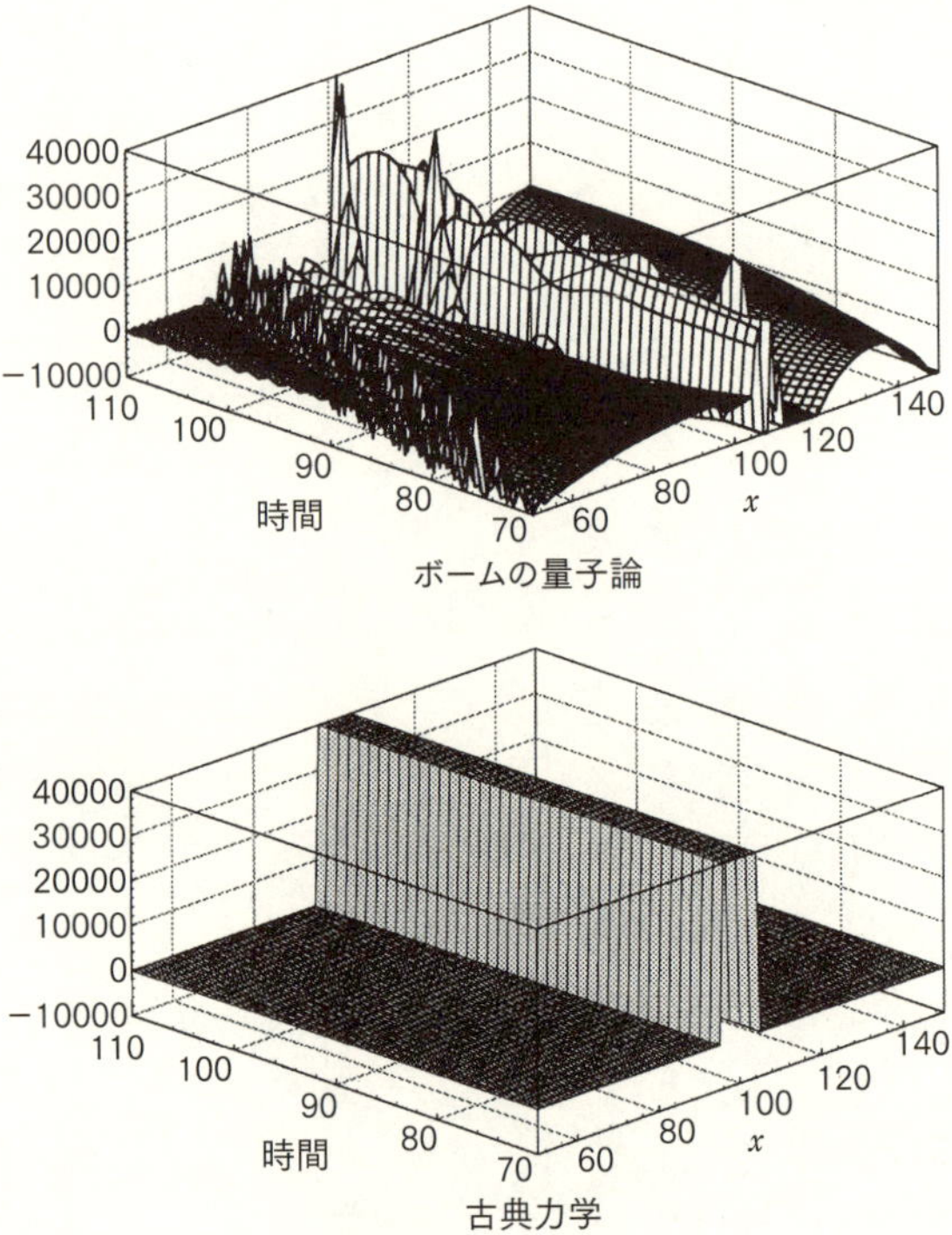

図3-5　量子ポテンシャル

第二の点についても、詳しく理論を見てみると、べつに光速を超えて情報を伝えることができるわけではないので、相対論と矛盾しないことがわかっている。

この量子ポテンシャル、具体的にどんな形をしているのだろうか？　パソコン用汎用数学ソフト『マセマティカ（Mathematica）』（ウルフラム・リサーチ社）を使って、図に描いてみた。量子力学の教科書に出てくる、いわゆる一次元のポテンシャルの井戸（障壁）である（図3-5）。

だが、こんなものが実際に世の中に「在《あ》る」のだろうか？

それについては、こんなふうに考えればいい。量子力学というのは、実数ではなく複素数の世界である。だが、人間はなぜか、実数の世界しか見ることができない。でも、この世界の背後には、不思議な複素数の世界があって、仮に人間がその世界を垣間見ることができるとすれば、そこには、奇妙な形をした量子ポテンシャルが「在って」、その波打つ世界の中を電子などの粒子が、波に先導されるかのようにゆらゆらと動いている。

ボーム流の量子力学は、だから、ホントは目に見えない量子の世界を目に見えるように定式化したのだと考えることができる。ボームの理論は、非常に視覚的なのだ。この視覚性は、多くの実在論者に共通の性向のようなもので、ペンローズが数学や物理を独特の「絵記号」で考えているのと似ている（エピローグ参照）。

しかし、この実在論的な解釈、残念ながら、物理学者の間では、あまり評判がよろしくない。どうしてかというと、コペンハーゲン解釈と比べて、具体的な実験ではなんら差がないから。つまり、物理学者の多くは、理論の予測値と実験値が合いさえすれば満足なのであって、途中で光子が実在しようがしまいが関係ないのだ。

ただ、ボームの論文は、「フィジカル・レヴュー」というきちんとした学術誌に載ったのであり、量子力学の方程式を書き換えるだけであって、変更するわけではない。方程式は変わらないのだから、理論的な予測値も変わらない。

実証論のコペンハーゲン解釈をとるか、実在論のボーム解釈をとるか、それは、哲学の問題であって、物理学の問題ではないのかもしれない。

●フォンノイマン、WHO?

観測理論といえば、すぐに頭に浮かぶのが、フォンノイマンである。ブダペスト生まれでアメリカに渡った数学者。フォンノイマンは、アインシュタインの良き同僚であり、不完全性定理で有名なクルト・ゲーデルとも仲が良かった。

私は、フォンノイマンのことをあまり知らなかった。だが、仕事で『フォン・ノイマンの生涯』(ノーマン・マクレイ著、渡辺正・芦田みどり訳、朝日選書)という伝記本の書評をやらされて、しぶしぶ本を読み始めたら、これが大当たり。痛快なコメディーに始まって、哀愁ただよう最後まで、天才の人生を満喫させる好著で、仕事も忘れて読みふけってしまった。この本は、非の打ちどころのない科学書で、こういう本が増えると、もっと若い人が科学書を読んでくれるようになるのではないかと思った。伝記が面白いというのも珍しいが、なにしろ、名調子の連続

なのだ。たとえば、
ノーベル賞学者のウィグナーは、ブダペストで同じ学校に通っていたころからジョニーにひどい劣等感を抱いていた。きっかけはある日曜の午後、散歩の道すがらジョニーに群論を教わったこと。そのときウィグナーは一二歳、ジョニーは一一歳だった。(『フォン・ノイマンの生涯』)

天才が子供のころの神童ぶりについての記述である。ジョニーはフォンノイマンの名前。あるいは、ナチスの迫害を逃れてアメリカに渡ったときの失敗談も、次のような調子である。

ハンガリーなら、招待状に八時とあれば八時四〇分に伺うのが礼儀だった。さもないとヘアーカーラーをつけた奥様にご対面となる。一緒に招かれたウィグナーはひどい姿だった。薄くなりかけた髪を回復させるにはすっぱり剃ればよい、あとはどんどん生えてくるという論文を読んで科学の香りに感動し、まさに実行した矢先だった。だがいっこうにその気配もなく、卑猥にてかてか光らせた頭で登場。マリエットはパリで買いこんだ洋服のうち、初のパーティーだからと、背中が大きく開いた夜会服を選ぶ。その年のパリモードだったが、プリンストンではそこまではいっていない。背中まる出しのマリエット、つるっぱげのウィグナー、タキシードをびしっと着込んだジョニー、この世のものとも思えない三人組がコンプトン家に着いたとき、ほかのお客はデザートに入っていた。

（『フォン・ノイマンの生涯』）

マリエットは、フォンノイマンの最初の妻の名である。

19世紀後半のハンガリーの首都ブダペストがニューヨークより栄えていたということを、私は、この本を読んで初めて知った。オーストリアの首都ウィーンとともに、世界の経済的、文化的な中心だったのである。そこで弁護士の父が貴族に列せられ、名前に「フォン」がついたわけ。

フォンノイマンは、現在のコンピュータが「フォンノイマン型」とよばれていることからもわかりのように、現在のコンピュータの基礎を作った男だ。

現在のコンピュータは、内部での計算はすべて数字になっている。私は、『ワード』というソフトで原稿を書いているが、漢字の一つひとつにＪＩＳコードとよばれる数字が割り当てられている。たとえば、「島」は４５６７、「燈」は４５７５という具合に。漢字だけでなく、ひらがなやアルファベットや数字もみんな、ＪＩＳコードで数字に変換される。これは16進法の数字だ。コンピュータは、それを、さらに２進法にして、０と１を電子素子のオンとオフと解釈して計算が行われるのだ。

この「文字を数字に変換する」というアイディアは、実は、ゲーデルが不完全性定理の証明の際に用いたもので、「ゲーデル数の方法」（Gödel numbering）とよばれている。ゲーデルは、数学の証明の式を数字に変換した。

数学は数については語ることができるが、文章で書かれた数学については語ることができない。数学の中で数を扱うことは可能だが、数学が数学という自分を扱うことはできない。それは、ほら吹き男爵が自分の靴のひもを引っ張って、自分のからだを宙に浮かせるようなものだ。

頭がこんがらがるが、ようするに、「3＋4＝7」という単純な計算（証明）は簡単だが、「3＋4＝7はちゃんとした計算か」どうかを数学で証明することは、ふつうはできない。ところが、ゲーデルのように、文字もすべて数字に変換してしまえば、その数字を数学で計算することは可能だ。

自分で自分を語るというのは、数学が、数字に変換された自分を計算するということ。これにより、自分が不完全であることを証明することが可能になった。ちなみに、ほら吹き男爵のようなパターンは、「自己言及」とよばれていて、蛇が自分の尻尾を飲むイメージや、エッシャーの不可能絵や、バッハの無限カノンなどに繰り返し現れるモチーフである。

さて、そのフォンノイマンの書いた名著に『量子力学の数学的基礎』（井上健・広重徹・恒藤敏彦訳、みすず書房）という本がある。もう色が褪せてしまったが（価値がなくなったという意味ではなく、日に当たって物理的に色が褪せたということ)、私の本棚にもある。この本は、量子論を数学者の言葉で記述するとどうなるかが書いてあり、特にフォンノイマンの親分であった大数学者ヒルベルトの考えた「ヒルベルト空間」を使って量子論を定式化している。だが、物理学者からは、そのヒルベルト空間論よりも、むしろ、「観測理論」が注目されてきた。

しからば、フォンノイマンの観測理論とは何か?

●ちょっと脱線してトンネル効果の話

ここで、ちょっと息抜きの話題を一つ。

さっき出てきた量子ポテンシャルだが、古典的なコンクリートのようなポテンシャルと違って、不気味に波打っていた。その波に隙間があるために、うまいタイミングで粒子を打ち込んでやれば、隙間を通り抜けて向こう側に出てしまうであろう。

実際、そのような現象は実験的に確かめられていて、「トンネル効果」とよばれている。古典的にはトンネルはないのだが、量子論のレベルでは、小さな小さなトンネルが出現するわけである。ただ、トンネルを抜けるか跳ね返されるかは確率的にしか決まらない。なぜなら、打ち込む玉の最初の位置とタイミングを制御する精度に限界があるため。

ちなみに、こんな問題を考えてみよう。

問題：重さ10ｔのトラックが厚さ１ｍ、高さ１ｍの煉瓦《れんが》塀に突っ込んで、「トンネル効果」で無傷で通り抜ける確率は？

答え：およそ $\exp(-10^{38})$

これって、要するにどういうことか。全然イメージがわかないので、マセマティカでおおよその値を見てみよう。

$\exp(-10)$ は、だいたい 10^{-5}

$\exp(-10^{2})$ は、だいたい 10^{-44}

$\exp(-10^{3})$ は、だいたい 10^{-435}

…………

$\exp(-10^{38})$ は、小さすぎて計算できないうーん、恐るべし。10の何乗という形では表すのが難しいほど、小さな確率だということがわかる。

でも、ゼロではないのだ。

私も、このトンネル効果を使って大魔術師フーディーニが水槽から無傷でトリックを使わずに脱出した、というような話をミステリー小説で書いているが、やはり、小説の世界の出来事である。現実には無理だ。

●「確率の密度」を表す行列

量子力学は、通常は「波動関数」で記述される。波動関数は波なのだから、「重ね合わせ」が可能だ。波の山と山が重なれば振幅は大きくなるし、山と谷が重なれば、打ち消し合って振幅は小さくなる。この波は、通常の解釈では、三次元空間の実在波ではなく、「確率の波」である。

波動関数は、重ね合わせが可能である。言い換えると、干渉が可能なのだ。干渉可能なことを専門用語で「コヒーレント」(coherent)とよぶ。

コヒーレント＝干渉可能なこと

波には、一般に、「振幅」のほかに「位相」という性質がある。これは、波の山が「いつどこにあるか」という情報である。二つの波の位相の差が一定のとき、それは、山と山の間隔が一定ということなので、二つの波を重ね合わせると、きれいな干渉が起こる。だから、位相が決まっているような波は、コヒーレント、つまり干渉可能なのである。レーザー光線やトランジスタ、超伝導などのハイテク技術では、コヒーレントな波が使われている。イメージ的には、きちんと整頓された波、と言っていい。

朝夕の東京駅、中央線の整列乗車みたいなイメージである。

ところが、キャンプファイアの火や太陽光や蛍光灯の光は、位相がそろっていない。原子が高いエネルギー状態から低いエネルギー状態に落ちるときに光を発するのであるが、それが、てんでんバラバラで、整然としていない。言い換えると、位相情報が失われている。要するに位相が乱雑なのだ。こういう波のことを「デコヒーレント」(decoherent) とよぶ。つまり、干渉不可能な波なのである。

収拾のつかなくなった悪ガキどもの修学旅行のようなイメージである。

量子力学の場合、波動関数は、つねに干渉可能だから、コヒーレントである。そして、波動関数そのままでは、デコヒーレントな状態を記述することはできない。

デコヒーレントな状態を扱うためには、波動関数から作った「密度行列」なるものを用いる必要がある。これは、確率の密度を行列にしたもので、さっき出てきたエネルギーの行列のような形をしている。ただし、密度行列では、対角線成分が「実現する可能性のある状態の確率」を表すのはいいとして、非対角成分は、「干渉可能性」を表しているのだ。

●世界一有名な猫の登場

どうも、話が抽象的になっていけません。猫を例に具体的に説明してみよう。エルヴィン・シュレディンガーの考案になる猫の実験がある。それは、箱の中に猫と青酸ガスの容器を入れておくものだ。青酸ガスにはスイッチがある。ある放射性物質が崩壊すれば、スイッチが入って青酸ガスが噴出し、猫は死ぬ。放射性物質から放射線が出なければ、スイッチは入らずに、猫は生き続ける。放射性物質の崩壊は、量子力学的な現象であって、崩壊するかどうかは、確率的にしか予言することができない。

さて、この猫の状態を、量子力学では「波動関数」で表す。それを、イギリスの量子物理学者ディラックにならって、

|生猫〉

と書く。これは、猫の状態を表す波動関数だ。この波動関数には、相棒がいて、それを、

〈生猫｜

と書く。波動関数というのは複素数の値をとるので、数学的には、複素共役である（つまり、虚数の部分の符号を変えたもの）。

猫が生きている確率は、この二つを掛け合わせて、

〈生猫｜生猫〉

と書く。生きている確率が$\frac{1}{2}$なら、

〈生猫｜生猫〉$= \frac{1}{2}$

という具合である。

英語で括弧のことをブラケットとよぶので、これは、猫のブラケットである。〈生猫｜が「ブ

ラ」で、|生猫〉が「ケット」なのだ。これは、決して冗談ではない。量子力学の教科書には、ちゃんとディラックのブラとかケットとか書いてある。

さて、ブラケットは確率を表すが、もう一つ、ケットブラというのがある。それは、

|生猫〉〈生猫|

という形をしている。このケットブラは、「干渉可能性」を表す。猫の密度行列は、死んでいる状態も考えて、

$$\text{猫の密度行列} = \begin{pmatrix} |\text{生猫}\rangle\langle\text{生猫}| & |\text{生猫}\rangle\langle\text{死猫}| \\ |\text{死猫}\rangle\langle\text{生猫}| & |\text{死猫}\rangle\langle\text{死猫}| \end{pmatrix}$$

というような形になる（だいたい、このような形だということ。ここでの議論は、かなり模式的である。でも、的ははずしていない）。こういう状態を「純粋状態」とよぶ。それでは、純粋でない状態はあるのか？

あります。それが次に出てくる「混合状態」だ。

ここで、対角線上にない、非対角成分、すなわち|生猫〉〈死猫|と|死猫〉〈生猫|が重要だ。この非対角成分が存在すると、生きた猫と死んだ猫が干渉可能であることを意味する。逆に、非対角成分がなんらかの理由でゼロであると、生きた猫と死んだ猫は干渉できないデコヒーレントな状態にある。古典的な状態は、デコヒーレントな状態である。

実際の猫は、生きているか死んでいるかのどちらかであるから、密度行列は、

$$\text{猫の密度行列} = \begin{pmatrix} 1/2\,|\text{生猫}\rangle\langle\text{生猫}| & 0 \\ 0 & 1/2\,|\text{死猫}\rangle\langle\text{死猫}| \end{pmatrix}$$

という形になる。生きているか死んでいるか半々ということで、$\frac{1}{2}$という係数がついている。こういうふうに非対角成分が消えてしまうことを「混合状態」とよぶ。

ちなみに、「古典的」という言葉は、物理学の専門用語だ。日常言語でも使うから紛らわしいが、物理では、「量子力学以前の」という意味に用いる。つまり、「量子的」の反対語。相対性理

論も、量子的でないから、古典的だと言える。「なんだ、相対論は革新的だから、古典的というのはヘンじゃないか」と言われるかもしれないが、物理での「古典的」は、革新的の反対語ではない。量子論より前であることを意味する。

密度行列というのは、物理学科に進学しないと習わないしろもの。だから、ふつうは、こういう科学読み物には登場しない。私も、省いてなんとかズルをしようかと悩んだ末に、まあ、密度行列について書いてしまう科学ライターが世界に一人くらいいてもいいのではないか、という結論に達した(かなり後悔してますけど)。

密度行列については、その形によって、干渉可能なコヒーレント状態か否かが判定できる、ということだけ覚えておいてください。

ダイアローグ ヒルベルト空間ってなに?

玲子「ここに出てきたブラとケットって、要するに何なの?」

竹内「物理学者が抱いている量子力学のイメージとは、次のようなものだ。

量子力学=ヒルベルト空間の中のブラが時間とともに動いたり、物理量がかかって

別の方向を向いたりすること

つまり、ヒルベルト空間という容器があって、その中に矢印で表されるベクトルがあって、それがあっちこっち動き回っているんだ。このベクトルが波動関数とよばれたり、ディラックのブラとよばれたりする」

玲子「そこがわからないのよ。そのヒルベルト空間って、いったいどこにあるの？」

竹内「強《し》いて言えば、ココだね」

玲子「ここ？」

竹内「うん、目の前に何を見るのかは、人によって違ってくる。アメリカ人が神社の鳥居を見てどう認識するか。おそらく、日本人とは違うんじゃないだろうか。あるいは猫がテレビのサッカーに何を見るか。

ヒルベルト空間の数学を知っている人間にとっては、目の前の事象はすべて、ヒルベルト空間内のベクトルの動きとして認識される。それが世界の本質であり、われわれが見ている時空のほうが仮象なのだとも考えられる。ヒルベルト空間とは、今の場合、軸の数が無限にたくさんあって、おまけに波動関数を２乗しても無限大にならないような特殊な空間だ」

玲子「なんだかわからないけど、銀行マンが、世界をお金の動きで見るような感覚かしら」

竹内「そうだろうね。宇宙人や猫にとって、ドルとか円とかは意味をなさないが、金融の世界にどっぷり浸かっている人間は、世界をお金という名のフィルターを通して見ているはずだ。それと同じで、物理学者は、世界をヒルベルト空間内のベクトルの動きとして見ているわけ」

玲子「素朴な疑問なんだけど、どうして、行列を使うのかしら？」

竹内「古典論では物理量はふつうの数字だが、量子論では物理量が行列になる、というのは、実は、話が逆なんだ」

玲子「逆？」

竹内「ああ、もともと、世界は行列からできているのに、われわれはふだん、それに気づかないだけなのさ」

玲子「どうして行列なのに気づかないの？」

竹内「対角行列はふつうの数と同じで、かけ算の順番を変えても答えが同じだから気づかないんだ」

玲子「厳密に言うと、すべての物理量は最初から行列だけど、近似的に古典力学が適応できる場合は、ふつうの数のように扱ってもいい」

竹内「そういうこと」

●ふたたびちょっと脱線して量子コンピュータの話

トピックスの二つめは、量子コンピュータ。

フォンノイマン型のコンピュータは、じきに「古典」になるだろう。誤解のないようにはっきりさせておくと、これからフォンノイマンの量子力学の観測問題について話すつもりだが、彼の発明したコンピュータは量子力学を使っていない（半導体チップには量子力学が使われているが、計算原理は古典的なのだ）。

量子力学の基本原理は、「重ね合わせの原理」と「不確定性原理」である。イギリスの物理学者、デーヴィッド・ドイッチュが発明した量子コンピュータは、この重ね合わせの原理を使っている（ファインマンも量子コンピュータの原理を考えている）。

量子コンピュータがフォンノイマン型の古典コンピュータと大きく違うのは、計算を順繰りに行うのではなく、すべての計算を重ね合わせて、いっぺんにやってしまう点だ。

さっきは、猫が生きている状態と死んでいる状態を重ね合わせたりしてごめんなさい。動物愛護の精神にもとりますね。おまけに理解しがたい状況だ。だが、こんどは、計算を重ね合わせて量子コンピュータを実用化しようというのだから、「重ね合わせの原理」もだんだんと現実味を帯びてきた。

重ね合わせていっぺんに計算した後、「観測」を行って、お目当ての計算結果を取り出すのだが、それには、「ショアのアルゴリズム」という、変わった方法が使われる。なんだか手品みたいだが、量子コンピュータはお遊びではない。なぜなら、実用化されると、なんと計算速度が1兆倍も速くなるからだ（何を計算するかにもよるが）。計算が1兆倍以上速くなると、実は、たいへんなことになる。それは、インターネットの大変革が必要になるからだ。

インターネットで本を買ったり銀行に振り込んだりするのが安全な理由は、「暗号」にある。クレジットカードの番号を送っても途中で傍受されないのは、ちゃんと暗号化されているからだ。

ところが、この暗号システム、量子コンピュータを使うとすぐに解読できてしまうのだ。

現代の暗号方式は、1976年にヘルマンとディフィーが考案した「公開鍵方式」というものが大勢を占めている。これは、文字どおり、暗号の鍵を公開してしまう。公開されている鍵を使って、誰でも暗号をかけることができるが、解読はできないしくみになっている。スーパーコンピュータを使っても、解読するのに何年もかかるのである。つまり、事実上、解読が不可能なのだ。

ところが、現行のコンピュータよりも1兆倍以上計算速度が速い量子コンピュータができてしまうと、一瞬にしてほとんどの暗号を解読してしまう。ということは、量子コンピュータの実用化に歩調を合わせて、今の暗号方式も変革を余儀なくされるわけだ。

この夢のコンピュータができると、インターネットの暗号やビジネスの形態ががらっと変わるだけではない。これまではシミュレーションが不可能であった物理現象、特に、宇宙の始まりの理論なども計算することができるようになるだろう。軍事的な応用などではなく、そういった夢のある分野に大いに活用してもらいたいものだ。

ちなみに、量子コンピュータにはいろいろな方式がある。代表的なのが「量子焼き鈍《なま》し（アニーリング）方式」と「量子ゲート方式」だ。前者は日本の西森秀稔と門脇正史が1998年に論文を発表し、すでにカナダの「D-Wave Systems」社が実用化して、世界中の企業が導入し始めている。これに近い方式として、NTT、国立情報学研究所、東京大学などによる「量子ニューラルネットワーク」が2017年に実用化された（内閣府 ImPACT プロジェクト）。

後者は、やはり日本の古澤明と武田俊太郎が2017年に大規模化の技術を発表し、実用化に大きく近づいた。ここでお話しした暗号解読については、量子ゲート方式の得意技と考えられるが、話はさほど単純ではなく、将来的にさまざまな方式がどう発展していくのか、たいへん興味深い。

●フォンノイマンの観測理論

さて、フォンノイマンの観測理論である。

フォンノイマンは、非常に着眼点がよく、量子力学の「観測問題」は、密度行列の形の変化であることに気がついた。そして、

観測問題＝密度行列の非対角成分が「波束の収縮」によって消えること

と、観測問題を定式化した。つまり、量子的な干渉効果が見込める状態に「何か」(波束の収縮)が起こった結果、古典的な干渉不能の状態になる、というのだ。

猫や人間は、量子的な重ね合わせの状態、つまり、干渉可能な状態にはない。干渉可能だったら、まるで幽霊ではないか。それに対して、ミクロの電子や光子は、ふつうは、量子的に状態を重ね合わせることができて、干渉効果も見込める。ここには大きなギャップがある。いかにして、干渉可能な状態に波束の収縮が生じて、干渉不能な状態に変化するのだろうか?

密度行列を使って、観測問題を明確な形に言い直したのは、フォンノイマンの大きな業績であった。だが、その解決法については、フォンノイマンは、袋小路に迷い込んでしまった感がある。なぜなら、フォンノイマンは、

「波束の収縮は、観測する人間の意識が観測した、と感じた瞬間に起こる」と結論づけてしまったからだ。

なぜ、このような結論になったのか？

それは、フォンノイマンが、電子や光子のようなミクロな対象から始めて、次々と大きな物体にまで量子力学の適用範囲を広げられる、と信じていたからだ。だが、生きた猫と死んだ猫が量子力学的に重ね合わせられないことは、子供にでもわかる。

いったん量子力学が完全に適用できる、となると、その時間変化は、シュレディンガー方程式にゆだねられる。単なる計算練習なのである。そして、シュレディンガー方程式に従って、波動関数は、どんどん状態を変えていくが、いつまでたっても波束の収縮は起こらない。言い換えると、いつまでたっても、密度行列の非対角成分は消えることがない。最初から最後まで、電子だろうが水素原子だろうが猫だろうが、永遠に干渉可能なままなのである。

だが、実際には、観測器の針は具体的な数字を指しており、たとえば、針が「1」を指していれば、それは1なのであり、1と5の重ね合わせではない。いったん電子の状態を観測してしまえば、もはや電子は干渉可能ではなくなり、状態の重ね合わせは消失するのである。

波束の収縮、ミクロな量子状態からマクロな古典状態への切り替えは、いつ、どこで起こるのか？

フォンノイマンは、

電子→観測装置→目の網膜→視神経→脳→意識

という連鎖を考えたが、このどの段階でも、シュレディンガー方程式によれば波束の収縮が起こらないことに悩んだ末、最後の意識にすべての責任を押しつけたのである。

むろん、現在では、もし波束の収縮が起こるのであれば、それは、観測者が意識したときではなく、もっと前の段階、そう、「観測装置で起こっている」というのが定説であり、私もそのほうが正しいと考えている。

●ボームの観測理論

ボームの実在論的な解釈では、観測問題は存在しない。ボームは、基本的に量子力学は波動関数ですべて記述できる、という立場である。と同時に、量子力学で話は終わりではない、とも述べている。その実在論的な立場は、かなりペンローズに近いと言える。

だが、あとで述べるように、ペンローズは、量子力学に「重力による波束の収縮」、いわゆる「客観的な収縮メカニズム」を付け加える必要があると考えている。それに対して、ボーム流の量子力学の解釈では、量子力学に波束の収縮メカニズムを付け加える必要はない。量子力学は、現状のままでいい、ただ、うまく解釈してやればいい、というのである。今後の発展の余地はあるにしても、観測問題に関するかぎり、今の量子力学の範囲内で説明がつく、との立場だ。

ボーム流では、すでに述べたように、粒子には位置も道筋もある。だが、それが、パイロット波によって先導されるため、どこに行き着くかは確率的にしか予言できないのだ。言い換えると、粒子は量子ポテンシャルの中を運動するのだが、人間は、最初に粒子がどこにあったかを百パーセント正確には知ることができないし、量子ポテンシャルの形も百パーセントはわからないから、古典力学のような確実な予言はできないのだ。

ボーム流の観測理論は、やはり、これから述べる町田・並木と同じく、対象となる電子などの粒子と観測装置の一部をまとめて量子力学で扱って計算することにより、人間の目に見える（針の位置や感光点といった）形になることが示される。

●町田・並木の観測理論

波束の収縮が観測装置で起こっている、という定説の代表として、町田・並木の観測理論を考えることにしよう。

町田・並木の観測理論は、一つの哲学にもとづいている。それは、

「観測過程は自然現象であり、観測理論は自然科学であり哲学であってはならない」
(『量子力学の反乱』町田茂著、学習研究社)

という哲学である。

哲学に流されずに、黙々と計算する。さすれば、おのずから答えは現れる、というのである。波束の収縮が、観測装置で起こっている、という考え方は、ある意味で「環境派」とよぶことができる(提唱者たちは異論があるかもしれないが、便宜上、こうよぶことにする)。

たとえば、光子がフィルムに感光する状況を考えよう。光子の波束が収縮するかどうかが問題なのである。だから、光子のことを観測対象とよぶ。つまり、光子が主役なのだ。私たちは、光子がいかにして干渉可能なコヒーレント状態から干渉不可能なデコヒーレント状態に移るかに興味がある。そして、今の場合、フィルムは光子を取り巻く環境だといっていい(注意! 単なるフィルムだといってバカにしてはいけない。フィルムだって、立派な観測装置である。もちろん、フィルムが嫌なら、たとえば、光電子増倍管を使ったっていい。話は同じだ)。

『量子力学の反乱』から町田氏本人の言葉を引用させてもらおう。

……フィルムの感光時に起こる主な変化は、フィルム表面に塗布された臭化銀分子が電子の衝突によって銀イオンと臭素イオンへと分解し、再び結合するプロセスである。

（中略）

1個の電子がN個という一定数の原子からなる装置と相互作用するとき、Nがいくら大きくても、またどんなに時間が経過しても、量子力学に従えば重ね合わせの性質は崩れないから、波束の収縮は起こらない。しかし、フィルムのようにNが平均値を中心として広い範囲に分布していることを考慮に入れると、電子と装置とは混合状態となって干渉が消え、波束の収縮が起こる。

（『量子力学の反乱』）

ある意味では、フィルムのような観測装置がミクロのレベルでは精度にバラつきがあるために、干渉が消えるというのである。

町田・並木の観測理論は、私の物理哲学のお師匠さんであった物理学者で哲学者のマリオ・ブンゲによれば、

町田と並木は射影がミクロとマクロの相互作用の結果であり、（五感で感じるのに必要な）増幅とも（記録にともなう）非可逆性とも関係ないことを示した。

（Mario Bunge『Treatise on Basic Philosophy』Vol.7, Part1／竹内訳）

のである。この「射影」というのは、波束の収縮のこと。
というわけで、町田・並木理論の要点である。

町田・並木理論：光子とフィルムを一つの系と考えて量子力学を適用すると、フィルムの粒子がたくさんあって、その状態がバラバラであることから、徐々に電子の干渉性が失われることがわかる。

これは、つまり、光子がぶつかってフィルムに点を作るのであるが、その点の周囲にある分子に注目すると、そのたくさんの分子の状態はバラバラで、その状態をきちんと指定することもできない。つまり、乱雑で情報が足りないのである。

うまい譬《たと》えではないが、朝の通勤の満員電車が駅で止まって、大勢の人がホームに降りる。大勢の人の波は、てんでんバラバラで、誰がどこに向かうのか、正確に計算することなどできない。だが、そのような場合でも、全体の人の流れは把握できる。それは、つまり、全体の平均をとるということだ。個人、個人の動きは追うことができないが、平均的な行動はわかる。

それと同じで、たくさんの分子の状態について平均をとってやるのだ。というより、光子がフィルムに感光するのは、そのような平均をとる計算と同じなのである。

町田・並木の両氏は、そういった複雑な計算をやってみて、光子がコヒーレントな状態からデコヒーレントな状態に変わることを示したのである。つまり、波束の収縮は、観測装置で起こっていたのだ。

私は、町田・並木理論の数式を一つひとつ吟味してみたが、明快で鮮やかな解決法だと思われた。ただし、具体的な観測装置についてのさまざまな仮定があるため、もしも、この理論のどこかがおかしい、というような結果になるのであれば、それは、観測装置についての仮定に問題があるに違いない。

実は、あるセミナーの席上、量子場の専門家である江沢洋氏が、町田・並木理論は、量子力学に別な仮定を付け加えているので、厳密に観測理論の解決にはなっていない、と話されていた。

この問題を深掘りしたい読者は、巻末の参考図書に掲げたマクシミリアン・シュロスハウアーの論文をご覧いただくと最新の動向がつかめると思う。

●ペンローズはなぜ「異議」を唱えるのか

お待たせしました。ふたたびペンローズの登場である。

ペンローズは、町田・並木に代表されるデコヒーレント派の主張に異議を唱える。だが、私は、長い間、ペンローズの真意が理解できなかった。

「密度行列の非対角成分が消える」という解決策のことを、ペンローズは物理学者のジョン・ベルにならって「ファップ」(For All Practical Purposes) とよぶ。これは、「実用上は」というような意味だ。

ニュアンスとしては、

「確かに実用上は困らないが、でも、真理の追究とはほど遠い」

というようなネガティヴな感じの物言いだ。ファップについて、ペンローズは、『Shadows of the Mind』(Oxford) の中で次のように述べる。

考え方は次のようなものだ。量子系と観測装置とそれを取り囲む環境、このすべてがUに従って発展していると仮定されているわけだが、この三者が、観測の効果が環境と切っても切れないほどからみあったとき、あたかも、Rが起こったかのようにふるまう、というのである。

(竹内訳)

ペンローズの使う用語の解説が必要だろう。

ペンローズは、通常のシュレディンガー方程式に従う系の時間的な変化(発展)のことを太文字のUと書く。これは、英語のユニタリー（unitary）からきている。すべての可能性の確率を足すと1になるという意味で、量子力学や量子場の理論で重要な概念である。まあ、専門的な話はどうでもいいが、要するに、連続的な変化をする過程、という意味である。

それに対して、非連続な波束の収縮は、太文字のRと書く。これは、英語のリダクション（reduction）、つまり「収縮」を意味する。

このファップの解説に続いて、ペンローズは、ファップ批判を展開する。

密度行列があるDであることを知るだけでは、系がこの特定のDを与えるある特定の状態の組の確率的な混合であることにはならない。同じDを与える完全に別な組み合わせがいくつもあり、そのほとんどは、常識からいって「バカげている」。（『Shadows of the Mind』／竹内訳）

要するに、ペンローズによれば、密度行列が与えられたとして、その非対角成分が消滅する、という解決策では不十分なのだ。この論点は、言葉だけでは説明が不可能なので、さきほどの猫の例で説明したい。

生きた猫と死んだ猫の密度行列は（ここでは行列表示をやめて）、

$$D=\frac{1}{2}|\text{生猫}\rangle\langle\text{生猫}|+\frac{1}{2}|\text{死猫}\rangle\langle\text{死猫}|$$

と書くことができる。Dが密度行列である。この密度行列の通常の解釈は、「猫が生きている確率が$\frac{1}{2}$で死んでいる確率が$\frac{1}{2}$」というものだ。

さて、ペンローズが言っているのは、この密度行列Dが「実在」するとしても、右辺を適当に並び換えてやれば、猫の状態は変わってしまうので、必ずしも生きた猫と死んだ猫という「どちらか」の選択肢にはならない、ということ。つまり、同じ式を、

$$D=\frac{1}{4}\left(|\text{生猫}\rangle+|\text{死猫}\rangle\right)\left(\langle\text{生猫}|+\langle\text{死猫}|\right)$$
$$+\frac{1}{4}\left(|\text{生猫}\rangle-|\text{死猫}\rangle\right)\left(\langle\text{生猫}|-\langle\text{死猫}|\right)$$

と書くこともできるのである。ということは、このように解釈すると、同じ密度行列が、「生きた猫と死んだ猫を足した状態が$\frac{1}{4}$、生きた猫と死んだ猫の差が$\frac{1}{4}$」となって、確かにバカげたことになる。なぜなら、生きた猫と死んだ猫の重ね合わせというのは、現実にはありえないからである。

猫の代わりに観測装置をもってくれば、ペンローズの論点は、ファップ陣営がやっていることは無意味だ、というきわめて辛辣な批判になるわけだ。

うーむ、頭がこんがらがる。いったい、何がどうなっているのか？

私は最初、このペンローズの異議が理解できなかった。どうしてかというと、ファップ陣営とペンローズの根本的な哲学の差を把握していなかったから。

ファップ陣営は、基本的にボーア、ハイゼンベルク、ホーキングの系譜であり、実証論の立場なのだ。実証できるのは計算で出てきた数字と実験値であり、密度行列が実在するかどうか、というのは意味のない言明だと考えるわけである。この立場では、密度行列は計算に便利な「道具」にすぎない。それが実在するかどうかは問わないのである。

この点に気づいたのは、恥ずかしながら、佐藤文隆氏の次のような文章を読んだときであった。

（前略）道具であるかどうかの解釈を浮き出させる量に、波動関数から作られる密度行列という量がある。この量は、量子効果が顕著な可干渉性《コヒーレント》状態か非可干渉性《デコヒーレント》な混合状態か、という判定の定量化には便利な量である。いま、波動関数と同等な情報を含むものとして密度行列自体を存在するものとしてしまうと、数学的に表現されたものに対応する状態が実在しなければならないとなる。平均値のような道具なら、平均値に対応した実在は期待されていない。しかし、もし密度行列が数学的に表現するものを実在に写像させようとすると、極めてグロテスクな姿になるのである。

（実在と道具、『量子力学のイデオロギー』佐藤文隆著、青土社）

そうか、ペンローズにとって、密度行列が実在するかどうかは大問題だが、ファップ陣営にとっては、そのような切迫した問題としては認識されていないのである。だから、ファップの立場としては、密度行列の非対角成分が消えれば、それで話は終わりなのだ。だが、ペンローズにとって、波動関数はシリアスな存在なのだ。だから、密度行列が、その波動関数のどのような組み合わせであるかは、非常に重要な問題なのである。

●『心の影』という本

物理学を勉強するとき、まずは、経験豊富な教師の書いた初等教科書を読んで、いくつもの演習問題をこなす。だが、その次の段階で、いわゆる天才たちの書いた独創的なモノグラフを読む必要がある。

量子力学であれば、ディラックの教科書が有名だ。ディラックを読まないと、量子力学の本当のところは理解できない、という感想をもらす物理学者は多い。朝永振一郎、リチャード・ファインマンなどの教科書も個性的で素晴らしい。

相対論であれば、当然、アインシュタイン自身のものから始めて、やはり、ミスナーとソーンとホィーラーの書いた『Gravitation』やワインバーグの教科書がいい。そして、われらがペンローズの『Spinors and space-time』も定番だろう。

天才たちの本のいいところは、彼らが、それぞれ独自の観点から、物理現象のユニークな解釈を与えてくれることと、「ここは誰にもわかっていない」という点をはっきりと教えてくれる点だろう。天才たちは、どこまでわかっていて、どこがわからないか、何が問題なのかを認識している。

ペンローズの『Shadows of the Mind』は、一般向けに書かれた本だが、いくつもの示唆に富む見解が見られ、一読に値する本である（『心の影』の書名で邦訳も出ている。巻末の参考図書参照）。

この本の後半で、ペンローズは、現在の量子力学に対する不満を述べている。特に、観測理論が不完全であり、量子力学には、「波束の収縮」を引き起こす新たなメカニズムが原理として付け加えられるべきだと主張する。

●GRWの提案

さて、ペンローズは、シュレディンガー方程式の時間発展であるUだけでなく、波束の収縮のメカニズムとしてのRが必要だと考えている。

なぜか？

消極的な理由としては、ファップの解決策に不満があるからだろう。密度行列を決めても、波動関数の組み合わせは一意的には決まらないから、無意味だと考えているからだ。

もっと積極的な理由は、ペンローズが一般相対論の専門家であることからくる。ペンローズには、（量子物理の専門家にはない）もっともな動機がある。それは、重力波の問題なのだ。

重力によって波動関数の収縮が起こるというのは、なんだか突飛な感じもする。そこで、重力の問題に入る前に、代表的な観測理論のRの候補の一つ、GRWの提案を見てみよう。これは、ペンローズの仮説の土台になっている理論である。

GRWは、ジラルディ、リミニ、ウェーバーの三人の名前の頭文字をとったもの。この三人の共同提案になる波束の収縮のメカニズムは、

「一つの粒子が平均して1億年に1回、ガウス型の波にぶつかって、その衝突によって、波束の収縮が起こる」

というもの。

とってつけたような仮定だが、量子論的な粒子の場合、1億年経たないと波束が収縮しないため、ふだんはシュレディンガー方程式だけで事足りる。つまり、ふつうは、波束は収縮しない。

ところが、分子のように粒子がたくさん集まると、状況は一変する。一つの粒子あたり1億年に1回ということは、粒子が10個集まれば、1000万年に1回の割合で波束が収縮することになる。粒子が100個ならば、100万年に1回。エトセトラ、エトセトラ。

ということは、猫のように粒子の数が10^{27}個くらい集まったら、波束は、あっという間に収縮してしまう。というより、つねに収縮しっぱなしということになる。収縮するということは、干渉効果がなくなるということで、古典的な猫にはぴったりの条件である。

古典的なニュートン力学で扱うことのできる系の場合、GRW式では、つねに波束が収縮しているので、干渉のような量子的効果は見られないことになる。

まあ、実を言えば、話は逆で、粒子1個だとなかなか収縮しないが、粒子がたくさん集まるとすぐに収縮するように、「一つの粒子あたり1億年に1回」というアドホックな条件をつけたのである。

●ペンローズの「OR」

ペンローズは、このGRWの提案をさらに進めて、「一つの粒子あたり1億年に1回」という収縮の条件が重力と関係しているのではないか、と考える。

これはなかなか面白いアイディアで、要するに、時空が量子的な重ね合わせになっているというのである。すぐにはイメージがわかないかもしれないが、こんなふうに考えてもらえばいい。時空を1枚のゴムシートのように考えて、それが曲がると重力が強い、と考えるのが一般相対論だが、そのゴムシートが、実は、たくさんの薄いシートの重ね合わせになっているというのである。

われわれの実際の時空は、その時空シートの重ね合わせのうちのどれか1枚を選択して決まる。それが、量子力学の波束の収縮に見えるというのである。

え？　なんだって？　時空が重ね合わさっているだって？　そんな空想のような話が信じられるか！

量子物理学者の罵声が聞こえてきそうだが、このような描像は、実は、徐々にではあるが、現実味を帯びてきている。フランスのアラン・コンヌという数学者の考えた「非可換幾何学」という数学理論が、どうやら時空の重ね合わせと関係しているらしく、おまけに、ひも理論から派生した「Dブレーン理論」という「膜」を扱う理論にも登場するのだ。コンヌの理論にしろ、膜の理論にしろ、いまだ純粋理論の段階で、これからどうなるかわからないが、世界中で時空の重ね合わせ、すなわち「量子重力理論」のさまざまなアプローチが研究されていることは事実である。

そのような量子重力理論の最近の発展を見ていると、あながち、ペンローズの言っていることも机上の空論ではないように感じる。

というわけで、ペンローズは、『Shadows of the Mind』（Oxford）の中で、次のような仮説を披露している。

一般に、二つの空間的に離れた状態の重ね合わせにある物体があるとき、この空間分離を引き起こすのに必要なエネルギーを考えればいい。ただし、重力相互作用だけを考慮する。このエネルギーの逆数が、重ね合わせ状態の一種の「半減期」を測る。このエネルギーが大きいほど、重ね合わせ状態が持続する時間は短い。

（『Shadows of the Mind』／竹内訳）

半減期というのは、放射性物質の量が崩壊によって半分になる時間だ。たくさんある粒子のどれがいつ崩壊するかは、量子力学によって確率的にしかわからないが、全体の半分が崩壊するまでの時間はわかる。それと同じように、重力エネルギーを考えて、その逆数を目安にするのである。

ペンローズの仮説によって波束が収縮するまでの時間を比較してみよう。

核子（陽子か中性子）　1000万年
半径10^{-5}cmの水滴　数時間
半径10^{-4}cmの水滴　0・2秒
半径10^{-3}cmの水滴　100万分の1秒

まあ、これだと、猫だったら、瞬間的に波束が収縮する。

この仮説をペンローズは、「客観的な収縮」（Objective Reduction）とよび、ORと略記する。

●何がペンローズをそうさせるのか――重力理論からの状況証拠

このペンローズのOR、観測理論の専門家からはすこぶる評判が悪い。具体的で建設的な提案が何もないじゃないか、というわけである。

だが、観測問題の専門家がペンローズの批判に耳を貸さないのは、その背後にある「状況証拠」を知らないからだと思われる。ペンローズは、重力理論の専門家であるため、アインシュタインの一般相対性理論の表も裏も熟知している。そして、重力の一風変わった性質が、Rをともなう観測理論と非常に似ていることに気づいたのである。だから、観測理論にRのメカニズムを足すことによって、一般相対論の重力波の問題も同時に解決できはしないか、と考えたのだ。

観測理論のRに似た重力の問題とは何か？

それは、重力波の非局在性である。重力波に限らず、一般相対性理論では、「エネルギーがどこにあるか？」というのが非常に微妙な問題なのだ。

一般相対論では、時空が曲がっているのだが、その曲がり具合を表す「曲率」とよばれる量には二つある。一つは、リッチという物理学者の名前がついていて、もう一つには、ワイルという名前がついている。曲率は、英語でcurvatureだから、要するに「どれくらいカーブしているか」を表す量だ。

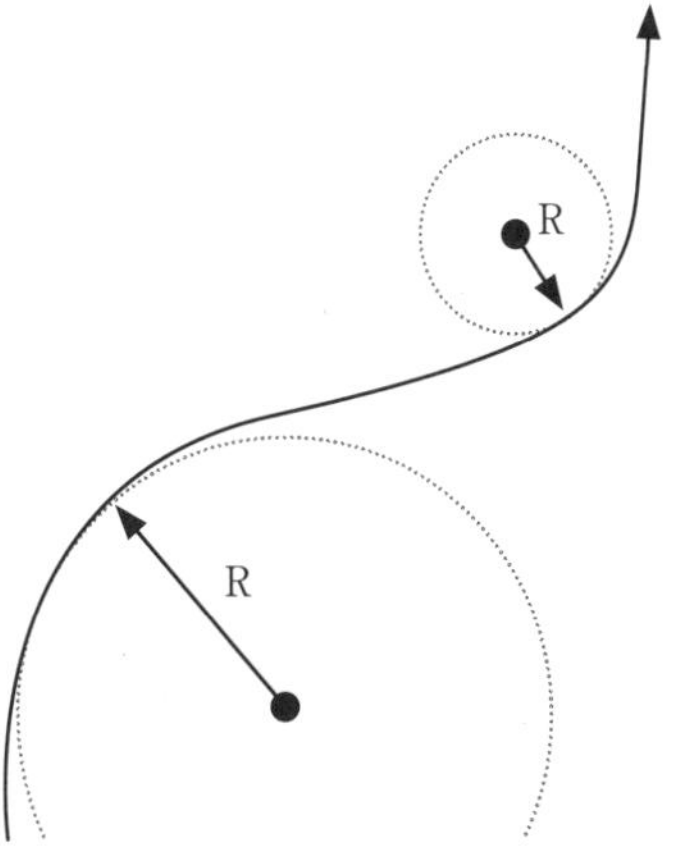

図3-6　道のカーブ

箱根のワインディング・ロードを走っていると、前方のカーブのR（radius：半径）を表示してあるが、あれは、カーブに円をあてはめて、その円の半径でカーブが急かどうかを測っている（図3-6）。

なお、このRは、さっきから出ている収縮のRとはまったく関係ない。あっちは、reduction

で、これは、radius です。念のため。

二次元曲面の場合、例として馬の鞍《くら》のような曲がった曲面を考えよう。こんどは、道路と違って、半径が二つ必要になる。馬の前後方向の曲がり方と馬の左右方向の曲がり方が違うからだ（図3-7）。

一般に、次元が増えると、「どの方向の曲がり方か」を考えなくてはいけなくなるので、曲率を表す量も方向に応じて増えてくる。四次元の場合、曲率の数は、全部で20個にもなる。

まあ、厳密には、一次元の線の場合と二次元の平面、三次元の空間、四次元の時空の場合とでは決定的な差があるのだが、それは、次のダイアローグで述べることにして、ここでは、箱根の道路標識のRや馬の鞍の二つのRが「曲率」の程度を示すのだと思ってください。

Rが大きければ曲率は小さいし、Rが小さければ曲率は大きい。曲率は、Rの逆数のようなものだ。

図3-7　二次元曲面の例（鞍の図）

とにかく、四次元時空の曲がり具合を表す曲率には、リッチ曲率とワイル曲率がある。リッチ曲率は全部で10個あり、ワイル曲率も10個ある。

曲がった曲面、たとえば馬の鞍にゴルフボールを置くと、ボールはコロコロ転がるであろう。

曲率があると、物体は変形したり運動したりする。リッチ曲率とワイル曲率には、れっきとした意味があって、それぞれ、

リッチ曲率＝体積の変化
ワイル曲率＝潮汐力のもと

という役割を担っている。

地球を包み込むように細かい塵《ちり》を球形にばらまくと、その塵の球殻は、風船がしぼむように、体積が小さくなる。塵が重力によって地球に落ちるからである。ニュートン力学では、このような状況を「万有引力」と考えるが、アインシュタインの一般相対性理論では、「空間が曲がっていて、そのリッチ曲率によって、全体の体積が縮小する」と解釈する。

それでは、もう一つのワイル曲率の役目は何かというと、潮汐力なのだ。

木星のそばの一点に彗星を置いてみよう。これは、塵ではなく、たとえば半径数メートルの大きさとする。すると、この彗星、ひしゃげて割れてしまう。ニュートン力学で考えると、これは、木星の中心へと向かう重力の方向や大きさが、彗星の各部分で同じでないために、結果的に横から圧縮されるような力を受けて、潰れてしまうのである。球を卵の形にする力だ。これが、

「潮汐力」。地球の海は、月からの潮汐力によって、卵形にふくらんで、それが満ち潮と引き潮の原因になっている。この状況は、一般相対論では、「ワイル曲率によって、体積が歪む」と解釈される。

ここで、ペンローズは、興味深い事実を指摘する。

重力波にもあてはまる良い（そして正の）質量の測定基準が存在する。だが、その非局所性のため、この測定基準だと、平坦な時空領域でも質量がゼロでないという事態も起こり得る。ちょうど台風の目のように、二つの爆発的な放射の真ん中の時空が実際に完全に曲率ゼロの場所にもかかわらず！　そのような場合、質量＝エネルギーがどこかにあるのだとしたら、それは平坦な空間にあるのだと結論づけるほかはない。だが、その領域には、どんな種類の物質も場も存在しないのだ。

（『皇帝の新しい心』林一訳、みすず書房）

そして、『Shadows of the Mind』では、この事実を量子論のRと関係づけようという野心的な仮説が提出されるのである。

同じようにつかみどころのない、R過程と古典的な重力の非局所的なエネルギー問題を関係づ

けることにより、二つの効果が打ち消し合うようにしてやりたい。そうすれば、統一的な全体像が得られる。（竹内訳）

ペンローズの頭の中では、一般相対論の専門家にしかわからない微妙な理論上の問題が、量子力学の観測理論のRの問題と裏腹に見えている。だから、ORなどという、量子物理学者には荒《こう》唐《とう》無《む》稽《けい》とも思われる大胆な仮説を提示しているのである。

ちなみに、ここでペンローズが指摘している重力波の問題は、大学の一般相対論の授業で教わるようなレベルではなく、大学院の授業でようやく出てくるもので、「漸近的平坦性」の問題として知られている。ボンディ、ザックスなどとともにペンローズが1960年代に大きな業績を挙げた分野であり、無限をどう定義するかという難しい問題で、第2章でもペンローズ図との関係で登場した。

ペンローズの提案を荒唐無稽と決めつけることはたやすいが、その前に、「漸近的平坦性」というれっきとした一般相対論の問題との関連の可能性について真剣に吟味すべきであろう。天才がバカなことを言っているように見えるときは、よくよく注意する必要がある。彼らは、だてに天才なわけではないのであるから。

ダイアローグ

固有の曲がり方と外から見た曲がり方

玲子「曲率に2種類あるというのは?」

竹内「一つは、固有の曲がり方で、もう一つは、外から見た曲がり方。英語ではintrinsic curvature と extrinsic curvature」

玲子「どう違うの?」

竹内「たとえば、地球の表面が曲がっているのは明らかだけど、固有の曲がり方というのは、地球の表面に張りついていて、二次元の表面から出られない人間が測る曲がり方。それに対して、外から見た曲がり方は、宇宙船や人工衛星で地球の外から見た曲がり方」

玲子「同じじゃないの?」

竹内「固有の曲がり方は、地面に三角形を描いて、その内角の和を測って180度になるかどうかで測る。180度ぴったりなら平坦なユークリッド幾何学の空間。180度より大きければ球のようなリーマン幾何学の空間。180度より小さいと馬の鞍のようなロバチェフスキー幾何学の空間。これは、あくまでも二次元の三角形が基準なので、三次元は関係ない」

玲子「じゃあ、外から見た曲がり方のほうは？」

竹内「宇宙から見れば、地球は三次元の球だから、曲がっていることは一目瞭然だね。でも、もっとわかりやすい例として、筒を考えればいい」

玲子「筒？」

竹内「そう。筒の表面に張りついた生き物が三角形を描いて内角の和を測ると180度になるから、固有の曲がり方としては、筒は平坦なんだ」

玲子「でも、筒は曲がっているわよね」

竹内「だから、それは、三次元という外から見た基準で曲がっているのであって、二次元の筒の表面にいるかぎり、曲がっていることはわからない。その証拠に、筒を切って開いてしまえば、平らな平面になってしまって、そこにふつうの三角形が描いてあるだけだ」

玲子「筒は、固有の曲がり方はゼロなのに、三次元に曲がって埋め込まれている」

竹内「ご名答。一般相対論で時空が曲がっているというのは、宇宙の内部で考えているのだから、固有の曲がり方のことを言っている。なにしろ、宇宙の外から見ることなんてできないのだから」

第4章

ツイスターの世界

相対論と量子論

相対論と量子論の申し子が「スピノール」とよばれる奇妙な数学的（かつ物理的）物体である。

おおまかには、スピン$\frac{1}{2}$のスピノールが二つ合わさるとスピン1の光子になるため、スピノールは、光の「平方根」だということができる。これは、大きさがゼロ（！）のベクトルの平方根である。

このスピノールをたくさん集めてネットワークにした「ペンローズのスピン網」が、現実の時空構造と酷似していることがわかり、「時空はスピンから作られているのではないか」という推測が生まれた。この推測を推し進めて数学的に厳密なものにしたのが、いわゆる「ツイスター」というしろもの。ツイスターは、光の平方根であるだけでなく、それを渦巻きのようにねじってあるために、英語でねじった（twist）もの（-or）と命名された。

スピノールからツイスターまで、平易に、かつペンローズの世界の奥行きが伝わるように解説したい。

●スピンとはなにか？

スピンというのは、実に奇妙な物理学的存在《オブジエ》である。それは、スピノールという数学的存在として記述される。スピンが奇妙なのは、

　大きさのない点が自転していて、おまけに回転速度がデジタル

になっていることだ。素粒子は、現代物理学の観点からは、量子場の励起《れいき》状態であり、場の状態であるからには、明確な大きさをもたない。古典的に考えても、大きさのない点粒子である。だから、大きさがない（＝決まっていない）のに自転しているというのが、まずヘンなのである。

そのうえ、回転速度が徐々に変化せずに、飛び飛びの値しかとらない（正確には、回転速度で

はなく角運動量。まあ、言葉遣いを厳密にすればするほど理解しづらくなる。教科書ではないので、ルーズな使い方もご勘弁を。ルーズも、本当の英語の発音はルースだったりする。やれやれ）。その飛び飛びの値の単位が、かの有名なプランク定数hの半分なのだ。

正確には、スピンは、$h/2$をさらにπで割った単位を基準に測る。なんでπが出てくるかというと、回転運動だから。半径rの円の円周は$2\pi r$だ。回転が出てくると、必ずπが登場する。いちいち$h/(2\pi)$と書いていたのでは面倒臭いので、プランク定数hを2πで割ったものを$\hbar$と書いて「ディラックのエイチ」とよぶ。

$$\hbar=\frac{h}{2\pi}$$

自動車の車輪のトルクが大きいとか小さいとかいう場合のトルクというのは、要するに「回転力」のことだが、それが車輪の半径によって変わってくることはご存じだろう。角運動量というのは、運動量に半径をかけたものだ。だから、半径がゼロなら、当然のことながら角運動量もゼロのはず。それどころか、車輪の大きさが決まらないのでは、角運動量も決まらないに違いない。

スピンについては、いろいろな観点から説明してみたいのだが、一つの理解方法は、次のように考えることだ。運動量$p=mv$と半径rという記号を使う。

　スピンの大きさは、$r\times p$だが、半径がゼロでもpが無限大なら、$0\times\infty=\hbar/2$となって有限の値になる

え？　$0\times\infty$？　そんな計算やったら、学校の先生に怒られちゃうよ。

そんな読者の声が聞こえてきそうだが、あくまでも物理的に直観的な説明を提供しているのであって、数学を改革しようなどと大それたことを目論《もくろ》んでいるわけではない。この説明は、ノタールというフランスの物理学者が本に書いていたのをご紹介しているのであって、私の独創的な説明ではない。念のため。

ダイアローグ　無限大

玲子「運動量が無限大ってことは、速度も無限大なの？　でも、それでは、超光速を禁ずる相対性理論に反するでしょ！」

竹内「ご心配めさるな。超光速のタキオンが存在する、と主張するつもりは毛頭ない。無限大になるのは重さなのだ。たとえば、次のように考えてほしい。

$$m=\frac{m_0}{\sqrt{1-(v/c)^2}}$$

確か、こんな式があったでしょう。速度vが光速cに近づくと、あーら不思議、質量が無限大になる。0×∞という式の無限大の質量は、だから、光速で動いているために生じる、と解釈することができるのだ」

●スピンとベクトルの奇妙な関係

スピンとベクトルの関係を考えることによって、スピンの正体が明らかになる。それは、一言でまとめると、次のようになる。

スピンは大きさゼロのベクトルの平方根である

ふむふむ。大きさがゼロか。つまり、存在しないわけだ。その存在しないものの平方根をとれと？　とうとう竹内薫も焼きが回ったか。ふざけるのもいい加減にせい。

まあ、お待ちください。いろいろと説明が必要なのです。

まず、「大きさがゼロのベクトル」というのは、必ずしも「無」に等しいわけではない。それは、三次元空間ではなく四次元時空のベクトルだからだ。四次元、つまり、x、y、zに時間tを加えた四つの方向を考えると、ベクトルの要素も四つになる。そして、その大きさの定義も、通常の三次元ユークリッド空間のベクトルとは違ってくるのだ。

次に、「平方根」をとるというのも、多少、比喩的な意味で使っている。単にルート記号（$\sqrt{}$）の中にベクトルを入れるという意味ではない。

順繰りに解説していこう。

二次元平面の場合、ベクトルは矢印で表すことができる。矢印の向きがベクトルの方向で、矢印の長さがベクトルの大きさである。このベクトルは、xy座標の中で、成分で表示することもできる。たとえば、ベクトル$\boldsymbol{p}$を、

$$\boldsymbol{p} = (3, 4)$$

と書くことにする。これは、原点（0, 0）から（3, 4）に向かうベクトルで、その大きさは、

$$\sqrt{3^2+4^2}=5$$

である。なんのことはない、辺の長さが3対4対5の直角三角形の斜辺なのだと考えればいい。ベクトルの大きさは、成分の2乗を足してルートをとればいい。ルートをとるのは面倒臭いので、大きさの2乗について述べることにすれば、これは、

$$3^2+4^2=5^2$$

となって、要するにピタゴラスの定理にほかならない。

さて、四次元のベクトルは、x y方向だけでなく、z方向とt方向（時間方向）が付け加わる。たとえば、ベクトル$\boldsymbol{q}$を、

$$\boldsymbol{q}=(5,3,4,0)$$

と書くことにする。最初の5がt成分で、そのあとの3、4、0がx、y、z成分である。こういうのは、四次元の物理学である相対性理論にひんぱんに登場する。ここまでは、二次元のベクトルの単なる延長である。だが、$\boldsymbol{q}$の大きさの2乗は、単なる延長ではない。それは、

$$-5^2+3^2+4^2+0^2=0$$

となって、なんと、ゼロなのだ！

時間成分の前にマイナス符号がついていることに注意してほしい。四次元、四次元といって、われわれは、空間の三次元に時間の一次元を追加しただけのように思いがちであるが、このように、時間方向と空間方向は、同列には扱うことができない。アインシュタインも、次のように述べている。

（前略）われわれはx_1、x_2、x_3、tを、四次元連続体中の一事象の四つの座標と見なさなければならない。（中略）しかしながら事象の四次元連続体を分離し得ないということは、決して空間座標と時間座標の等値性を引き出しはしない。（中略）$(\Delta t)^2$なる項は、空間の項$(\Delta x_1)^2$，$(\Delta x_2)^2$，$(\Delta x_3)^2$と相異なる符号をもっているからである。

（『相対論の意味』矢野健太郎訳、岩波書店）

でも、なんで時間成分の前の符号が逆なのか？　これには、いろいろな答えがある。たとえば、相対性理論の基礎であるローレンツ変換の式は、太郎の立場（t, x, y, z）を次郎の立場（t', x', y', z'）に変換する役割を担っているのだが、

$$-t^2+x^2+y^2+z^2=-t'^2+x'^2+y'^2+z'^2$$

という具合に、四次元ベクトルの大きさ（の2乗）は、変換の前後で不変なのだ。つまり、太郎と次郎は、ローレンツ収縮に代表されるように、いろいろな現象について意見が食い違うが、四次元ベクトルの大きさについては、つねに意見が一致する。

第1章で、「共同主観性」というのが特殊相対性理論の哲学的な意味だと紹介したが、単なるバラバラの主観的な見解ではなく、太郎の主観と次郎の主観との間には、共通の認識も存在しており、それがあるからこそ、互いに理解しあえるわけだ。その共通の見解が、ここに出てきた四次元ベクトルの大きさなのです。

このほかに、もっと根元的な答えとして、

「宇宙の始まりにおいては、時間成分の符号は空間成分と同じく正だったが、量子論的なトンネ

ル効果によって、符号が負に変わった」というようなホーキングの宇宙論もある。$\tau = it$として、昔は「虚時間」τ（タウ）で、今は「実時間」tになったというのである。ただし、あくまでも仮説である。

●スピノールとフラッグポール

だいぶ話が難しくなってしまった。大きさがゼロの$\boldsymbol{q} = (5, 3, 4, 0)$に戻ろう。

このベクトルをt、x、yの三つの方向をもつグラフに描いてみよう。これは、実は、原点から飛び去る光を表している。どうしてかというと、今は、光速$c = 1$となる単位系で話をしているからなのだ。単位系は人間が勝手に選ぶもので、メートルの代わりにフィートや尺を使ってもいい。今は、光の速さが1となるような単位系を使って話をしている（図4-1）。

グラフで、ベクトルの傾きは1である。傾きは、距離を時間で割ったものだ。ということは、空間方向に5進むと時間が5経つということで、

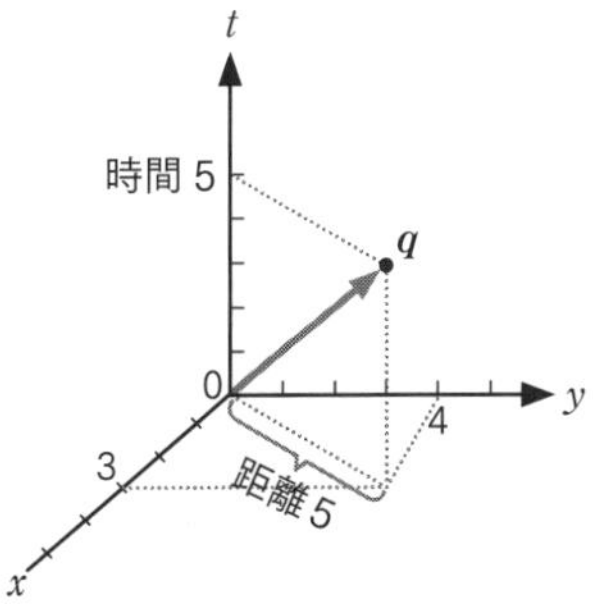

図4-1　大きさがゼロのベクトルq

（傾きが）1＝距離／時間＝速さ

となって、速さが1、すなわち光速ということになる。そして、ここで例に出している$\boldsymbol{q}$に限らず、大きさがゼロのベクトルはつねに傾きが1になるのである。

何が言いたいかというと、四次元では

大きさゼロのベクトルは光速を表す

ということなのである。$\boldsymbol{q}$だけでなく、原点から傾き1で飛び出すベクトルはすべて、大きさがゼロで、光速で飛び去っている。それをいっせいに図に描くと、まるで、円錐を逆さまにしたような格好になる。これが、121ページで登場した「光円錐」（light cone）の正体だ。アイスクリームコーンならぬライトコーンというわけである。ライトコーンは、光の輪が時間とともに周囲に広がる状態を表している。池に石を投げ込むと波紋が広がるのと同じように。

スピノールというのは、大まかには「2乗すると大きさゼロのベクトルになる」ような数学的物体である。大きさがゼロのベクトルは「光速」で飛んでいるのだが、その「平方根」であるスピノールも、同じく光速で飛んでいると考えていい。その意味で、スピノールは、光の平方根のようなものなのだ。

ということは、スピノールも光円錐の一部、つまり、原点から傾き1で飛び出すベクトルとして、矢印で描くことができるのだろうか？

いいえ、ことはさほど単純ではありません。スピノールを2乗したベクトルは、確かに矢印で描くことができるが、その元になったスピノールを絵にすると、もう少し複雑になる。

ペンローズによれば、スピノールを図示するためには、矢印の代わりに「旗棒」が必要なのだ。といっても、マンガの『おそ松くん』に出てくるおでん好きの「ハタ坊」ではありません。そうではなくて、ゴルフのグリーンに立っている旗のついた棒のことです。英語ではフラッグポール。このほうが格好いいから、旗棒はやめて「フラッグポール」とよぶことにしましょうか。

ただし、スピノールを図示するフラッグポールは、その棒が直立せずに光円錐に沿って45度の角度で立っている。光を表す矢印の先端が矢ではなくて、旗になったのだと思ってほしい（図4-2）。

光は光円錐に沿った矢印
スピノールは光円錐に沿ったフラッグポール

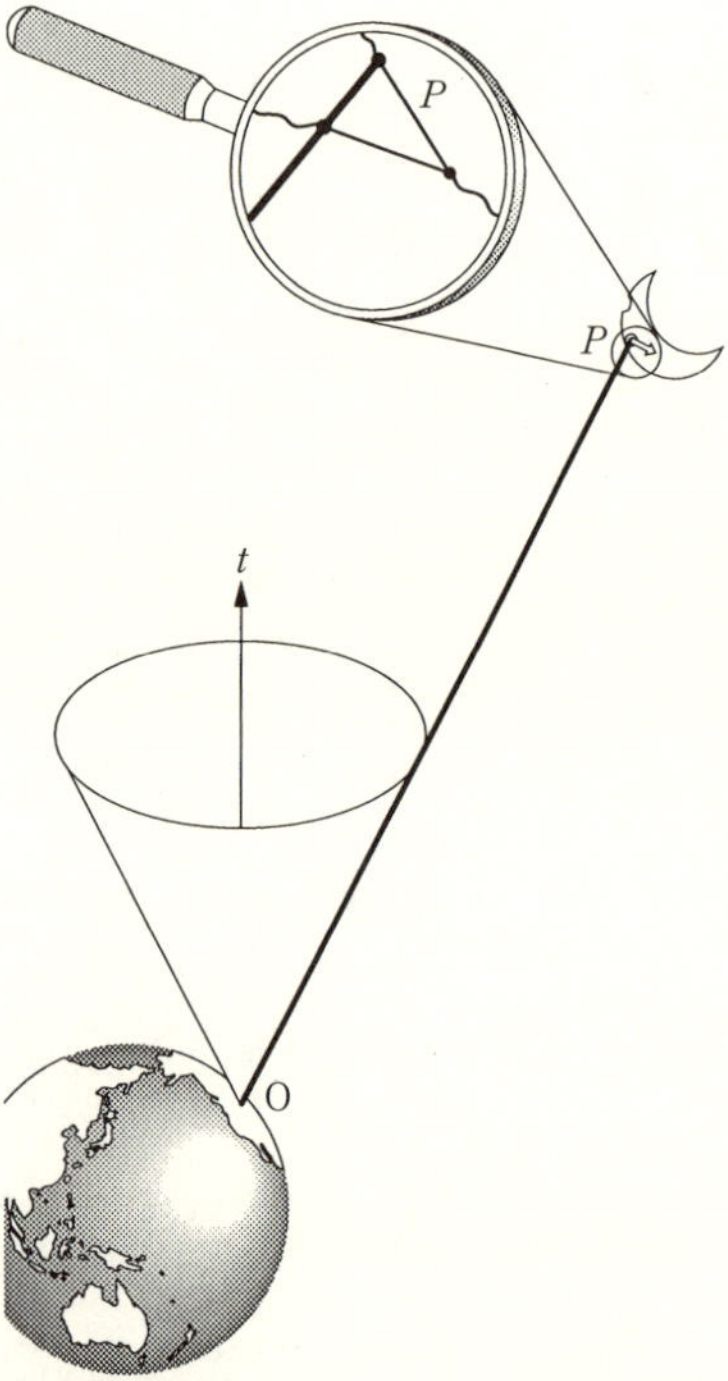

図4-2 フラッグポール（『Gravitation』 Charles W. Misner, Kip S. Thorne, John Archibald Wheeler (Freeman)）

気をつけてほしい。第2章に出てきたブラックホールではなく、フラッグポールである。フでなくクに濁点がついてホに丸がついている。念のため。

2乗すれば光になるのだから、光円錐に沿っていることはいいとして、どうして旗なんかつける必要があるのだろう。いったいペンローズは、何を考えているのか？

実は、スピノールは複素数なのだ。そして、旗の向きが、複素数特有のある性質を表しているのだ。おまけに、旗の部分を拡大すると、そこからは周囲に糸のようなものがにょきにょきと伸びている。うーむ、これが本当に物理学なのか、数学なのか？　この奇妙な糸は、いったい何を意味するのか？

●旗に秘められた謎

複素数って何だろうか？

数学というのは、要するに「数」という概念を広げていく作業だ。赤ちゃんのときには理解できなかった数が、幼稚園では理解できるようになるし、学校に入れば、分数も理解できるようになる。そのうち、マイナスの数が出てきて、平方根が出てきて、$\sqrt{2}$は、「ひとよひとよにひとみごろ……」などと語呂で覚えたことのある読者も多いだろう。$\sqrt{2}$は、「2乗すれば2になる数」のこと。2乗すれば4になる数が2であることには抵抗がない人も、$\sqrt{2}$は不自然だと感じるかもしれない。

$\sqrt{2}$は「無理数」とよばれているが、これは英語の irrational、つまり「比で表すことができない」という意味なので、ちょっと誤訳っぽい。誤解のないように「無比数」とでもしたほうがいい。それでは、「比で表すことができる」数はあるのかと言われれば、確かにある。そう、分数のことである。正確には「有理数」。これも$\frac{1}{2}$とか$\frac{2}{3}$なんかは、1対2、2対3という比を表しているのだから、「有比数」なのである。

$\sqrt{2}$は、小数で表すと小数点以下が無限に続くが、有限も無限もひっくるめて、とにかく小数で表すことのできる数のことを「実数」とよんでいる。

虚数というのは、「虚しい数」とよばれていることからもわかるように、かなり不自然な感じがするらしい。なにしろ、虚数iは、「2乗すればマイナス1になる数」のことだが、私たちは学校で、「マイナスの数を2乗するとプラスになる」なんてことを教わったばかりなのだ。2乗するとなんでもプラスになると思っていたら、突然、2乗するとマイナスになる虚数が登場するわけだ。虚をつかれて頭が混乱しても不思議ではない。

だが、数学というのは厳密な議論をする。よくよく考えてみると、「マイナスの数を2乗するとプラスになる」ということは、必ずしも、なんでも2乗すればプラス、を意味するわけではない。あくまでも、マイナスの数だけに話は限定されている。マイナスの数以外なら、2乗してどうなろうと矛盾しなければいいのだ。

虚数は、分数やマイナスの数と同じで、使い慣れてくると、そんなに不自然な感じはしなくなる。実際、物理学や工学では、虚数がひんぱんに登場するし、ミクロの世界を記述する量子力学では、虚数なしには理論自体が存在できなくなってしまう。虚数を必要とする量子力学はエレクトロニクスの世界を支配しているのだから、虚数は、なんら「虚」でなく、自然界に実在する、と言っても過言ではない。

複素数というのは、実数と虚数を組み合わせた複合的な数なので、英語では complex number という。コンプレックスというと、ショッピングモールの複合建築物のことや、精神医学用語としても使われている。心の中の複合的な結び目、転じて、心のしこり、というような意味だろうか。数学の場合は、実数と虚数 i を組み合わせた、

$$3+4i$$

というような形のものを複素数とよぶ。

なんで、長々と複素数の話をしているのかというと、ペンローズのフラッグポールの旗の向きについて説明したいからなのだ。フラッグポールはスピノールを表しているわけだが、なんで旗が必要なのかを説明したいのである。

実は、あの旗の向きは、複素数の「位相」を表している。物理学では、波の現象を扱うことが多く、サインやコサインといった三角関数が頻出するのだが、位相というのは、サインやコサインに出てくる「角度」のことだと思ってほしい。複素数では、次のような公式が成り立つ。

$$\exp(i\theta) = \cos\theta + i\sin\theta$$

縦軸に虚数、横軸に実数をとって二次元のグラフを描くと、$3+4i$は、横軸の目盛りが３で縦軸の目盛りが４の点となる。

同様に、$\exp(i\theta)$は、横軸の目盛りが$\cos\theta$で縦軸の目盛りが$\sin\theta$の点としてプロットされる。コサインとサインは、三角形の周囲にCや筆記体の$\mathcal{S}$を書いて覚える。三角形の周りにCを描くのは、斜辺から始まって底辺で終わるため、コサインは、「斜辺分の底辺（底辺／斜辺）」である。同様に、筆記体の$\mathcal{S}$は、「斜辺分の高さ（高さ／斜辺）」である。そして、$\exp(i\theta)$は、斜辺の長さが１の三角形の角度がθになるような点なのだ（図4-3）。

さて、スピノールは複素数なので、この$\exp(i\theta)$という回転因子がかかっている。大まかな説明で恐縮だが、スピノールを「２乗」すると、大きさゼロのベクトル、すなわち光円錐上の線になるのだが、２乗しているために、$\exp(2i\theta)$となって、これは、位相が2θということだ。

つまり、スピノールが角度θだけ回転すると、それを表すフラッグポールの旗は２倍の2θ回転するようなしくみになっている。θがπラジアン、つまり１８０度回転すると、旗は2πラジアン、つまり３６０度回転する。

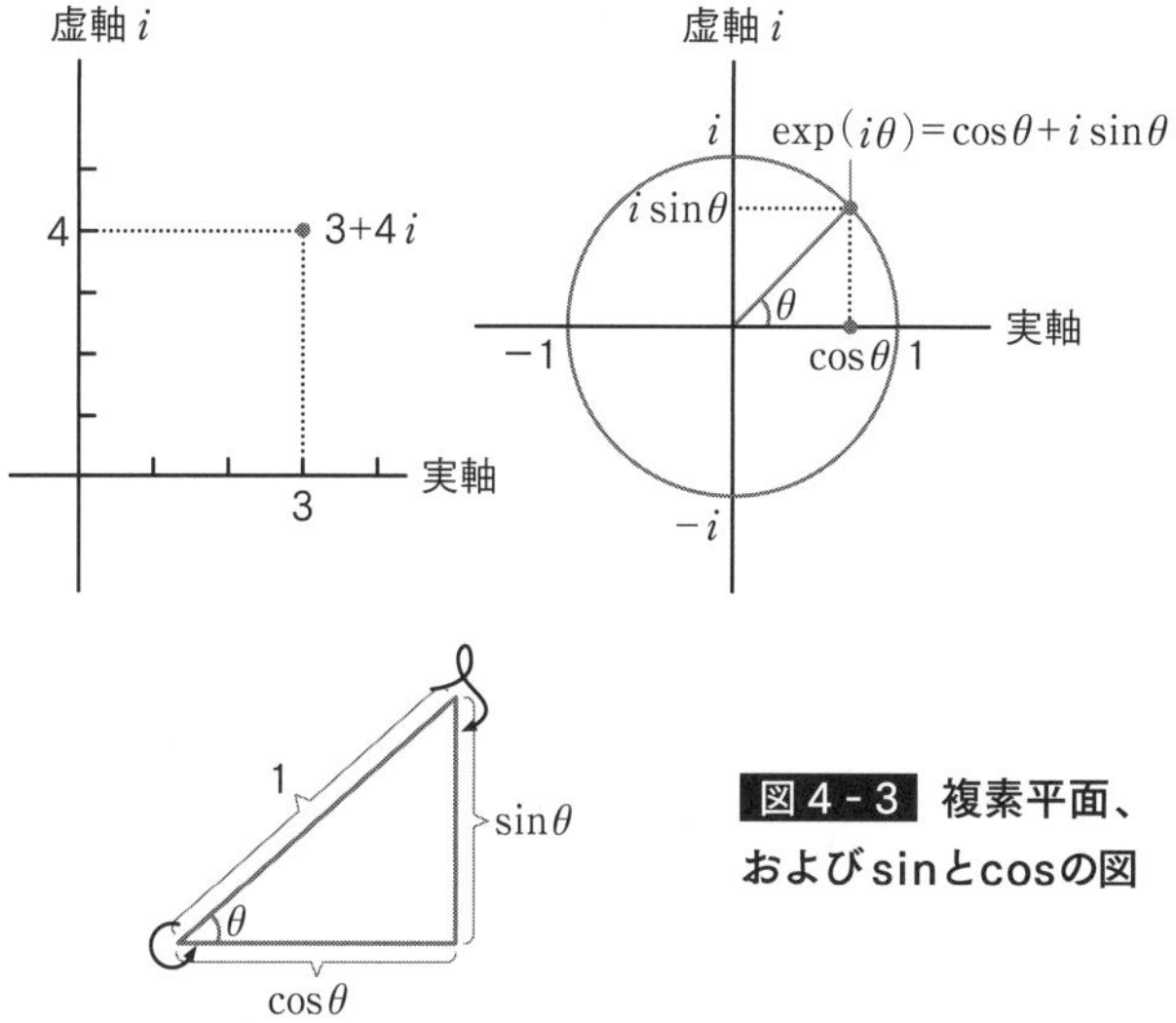

図4-3 複素平面、およびsinとcosの図

$$\exp(i\pi) = \cos\pi + i\sin\pi = -1$$

なので、旗が360度回転したとき、スピノールは、符号が変わることになる。そして、

$$\exp(2i\pi) = \cos 2\pi + i\sin 2\pi = 1$$

なので、旗が720度回転して初めて、スピノールは符号が元に戻る。

ベクトルは、360度回転すれば、矢印が元の向きに戻ったが、スピノールは、位相という余分な性格をもっているため、720度回転しないと元に戻らないのである。つまり、2回転して初めて元の状態に戻る。だから、それを明示するために、矢印の代わりに

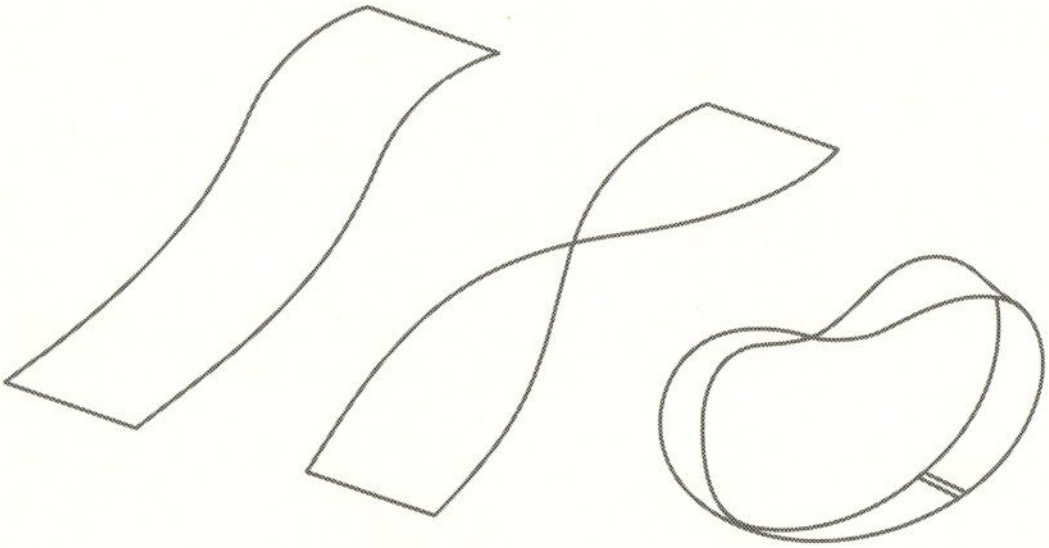

図4-4 メビウスの輪

旗をつけて描くのである。

●メビウスの輪とスピン

1回転するとマイナスになって、2回転すると元に戻るのがスピノールだということがわかったが、そんなもの、世の中に実在するのだろうか?

実は、スピノールと同じ性質をもった幾何学的な物体は、すぐに作ることができる。短冊《たんざく》を1回ひねって糊でくっつけた「メビウスの輪」がそれである。

メビウスの輪は、その表面に沿って1周しても、元の場所には戻らない。短冊の裏側に来てしまうからだ。そして、2周して初めて元の場所に戻ることができる。これは、ちょうど、表をプラス、裏をマイナスと考えれば、1回転でマイナス、2回転で元に戻るわけで、スピノールを具現化したものになっている(図4-4)。

●ウェイターのトリック

メビウスの輪だけではない。2回転して元に戻る例は、昔からある「ウェイターのトリック」にも見られる。これは、レストランのウェイターが、右手にお盆をのせて歩きながら、掌《てのひら》を2回転させるもの。実際に自分でやってみるとよくわかるが、掌が水平に1回転すると、手はねじれてしまう。だが、もう1回転させてやると、不思議なことに、手のねじれは解消するのである（図4-5）。

この例では、掌がスピノールで、腕が「旗から出ているひも」にあたる。

ペンローズのフラッグポールの旗の部分からは、周囲にひもが出ていたが、まだ、そのひもがどこにつながっているかは述べていなかった。実は、ひもは、周囲の環境、すなわち空間につながっているのである。

腕が1回転するとねじれるのは、フラッグポールのひもがねじれるのと同じ。腕が2回転してねじれが解消するのは、フラッグポールのひものねじれが解消するのと同じ。

●″蜘蛛の巣″にかかった状態

フラッグポールの旗から出ているひものねじれが2回転で解消されるのを見るためには、蜘蛛《くも》の巣だらけの部屋の中で蜘蛛の巣にからめとられて身動きができない物体を考えるといい（図

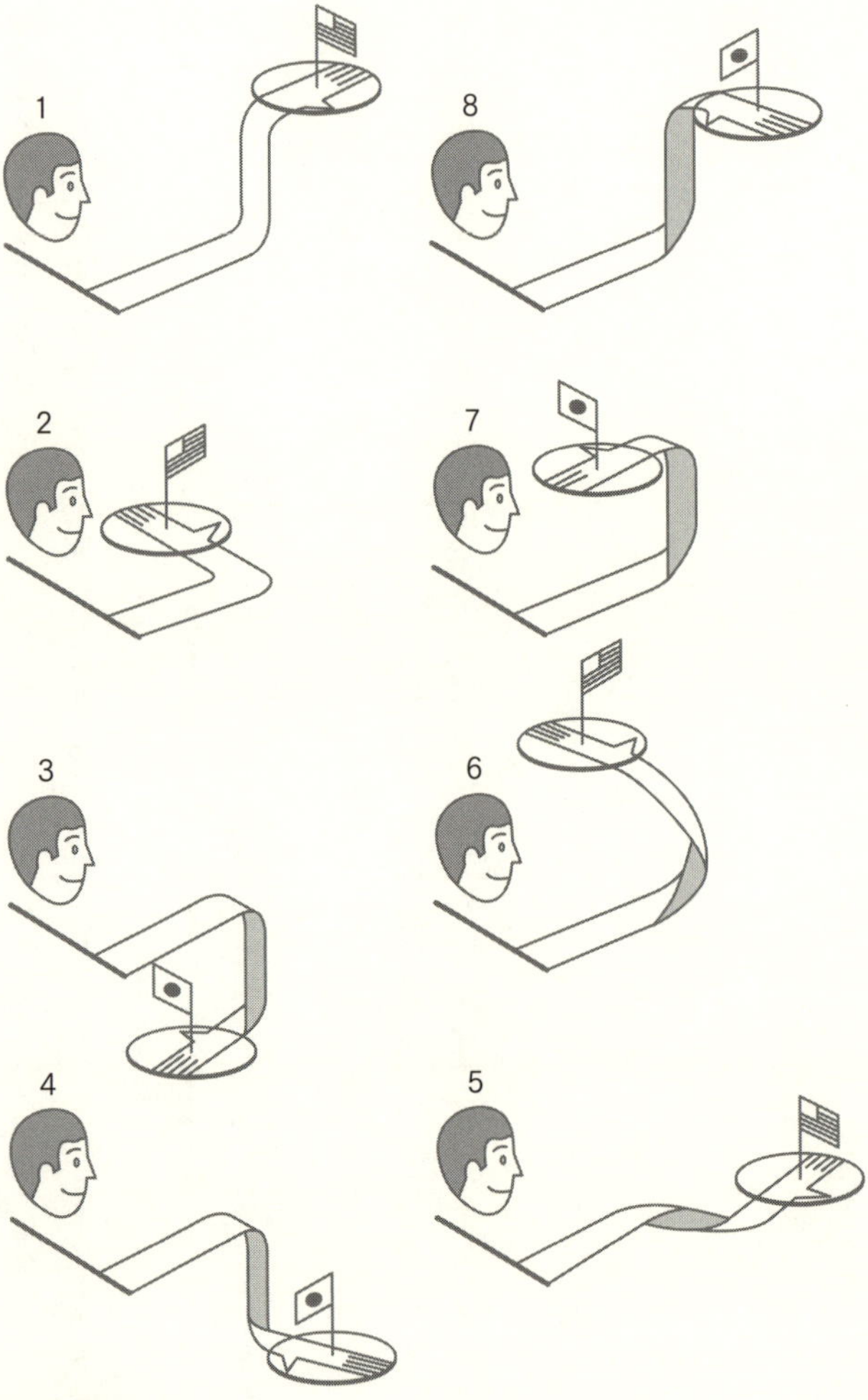

図4-5　ウェイターのトリック（『A Topological Picturebook』George K. Francis (Springer - Verlag)）

4-6）。

物体を1回転させると、蜘蛛の糸がからまってねじれてしまう。これは、確かにねじれていて、どうにもならない。

このねじれを解消するには、逆に1回転させればいい。元に戻すのである。ところが、ねじれを解消するには、同じ方向にさらに1回転させてやってもいい。

えっ？　そんなバカなことがあるものか。1回転でねじれたのだから、さらに回転させても、ねじれがきつくなるだけのはずだ。

そう思われるかもしれない。

だが、実際にやってみればわかるように、2回転の糸のねじれは、物体をそのままにして、糸をまとめて物体のまわりをくぐらせるようにしてやれば、消えてしまうのだ（図4-7）。

これは、いわば、自然界が人間に与えてくれた「手品」のようなもの。三次元空間では、環境とか

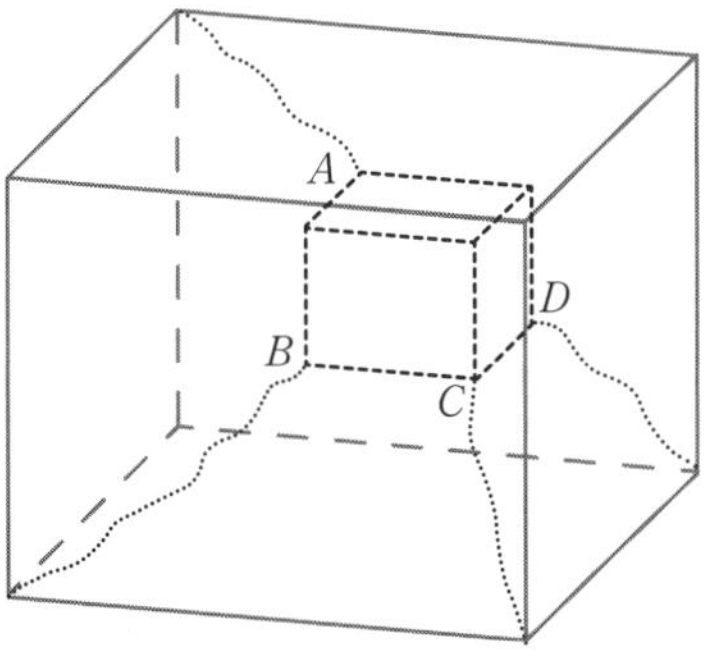

図4-6　蜘蛛の巣の部屋（『Gravitation』Charles W. Misner, Kip S. Thorne, John Archibald Wheeler (Freeman)）

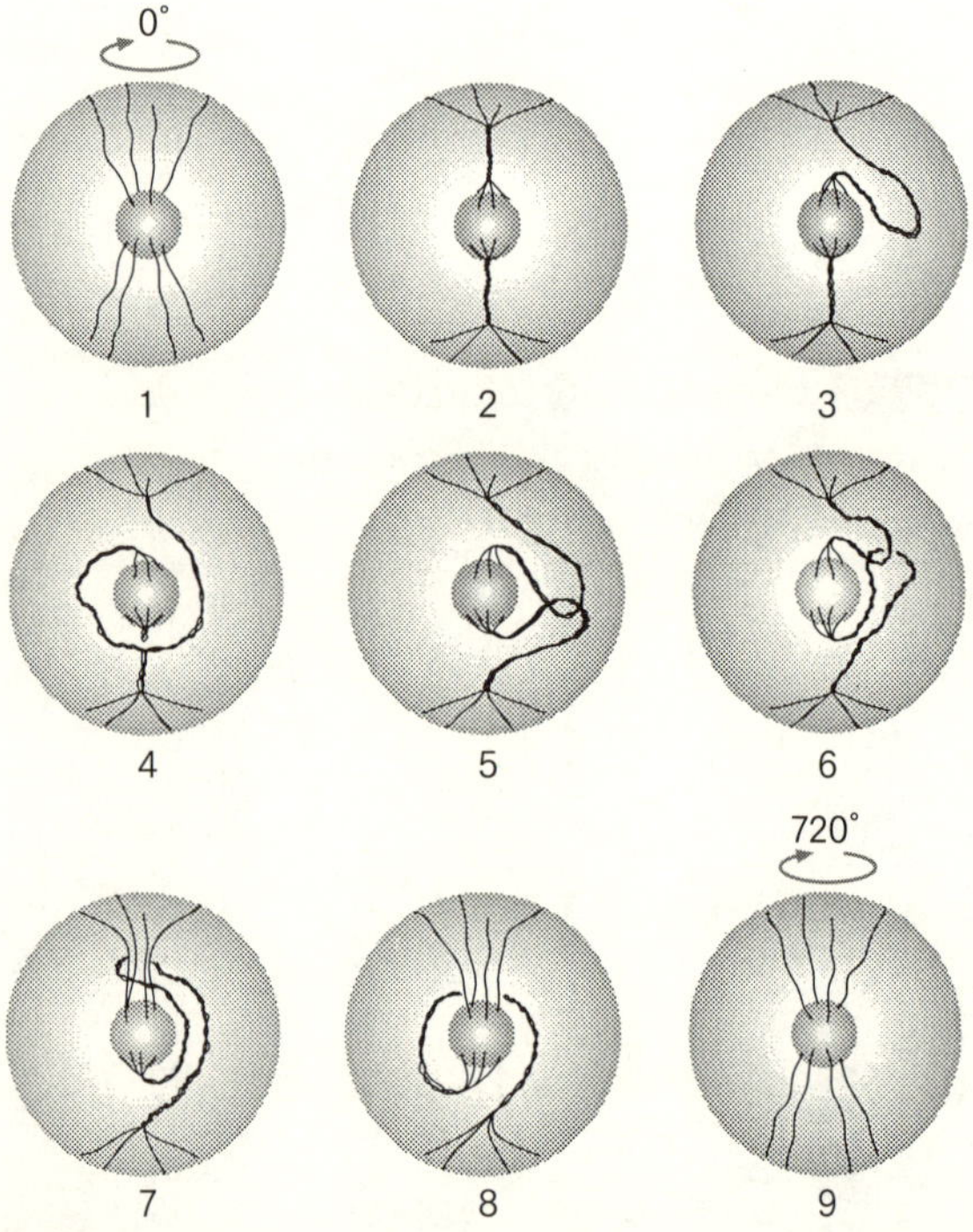

図 4 - 7　2回転でねじれが解消する（『Gravitation』Charles W. Misner, Kip S. Thorne, John Archibald Wheeler (Freeman)）

らみあった構造は、２回転で「ほどける」。このねじれた蜘蛛の糸は、スピノールの数学的な構造を具現化したものになっている。

　ベクトルの場合、そもそも周囲とからみあっていないので、１回転すれば方向が元に戻るが、スピノールの場合、周囲とからみあっているので、１回転ではだめで、元の状態に戻るには、２回転させる必要があるわけだ。というより、こういった不思議な性質をもった物体がスピノールなのだといえよう。

●スピンのネットワークから時空が生まれる？

　ペンローズの業績の一つに「スピン・ネットワーク」というのがある。これは、スピンをいくつも用意して、つないで網目を作るものだ。もともと、素粒子にはスピンという性質があるわけで、素粒子どうしはぶつかって一緒になったり消滅したり、別の素粒子に変わったりする。それは、スピンに注目するならば、たくさんのスピンどうしがぶつかって一緒になったり分かれたりする過程だと考えることができる。

　素粒子の相互作用をグラフにしたものには、有名な「ファインマン図」というのがある。リチャード・ファインマンは、さまざまな逸話にいろどられた人生を送った天才物理学者で、ファインマン図は、素粒子の相互作用を簡単に計算するために編み出された秘術である（図4-8）。

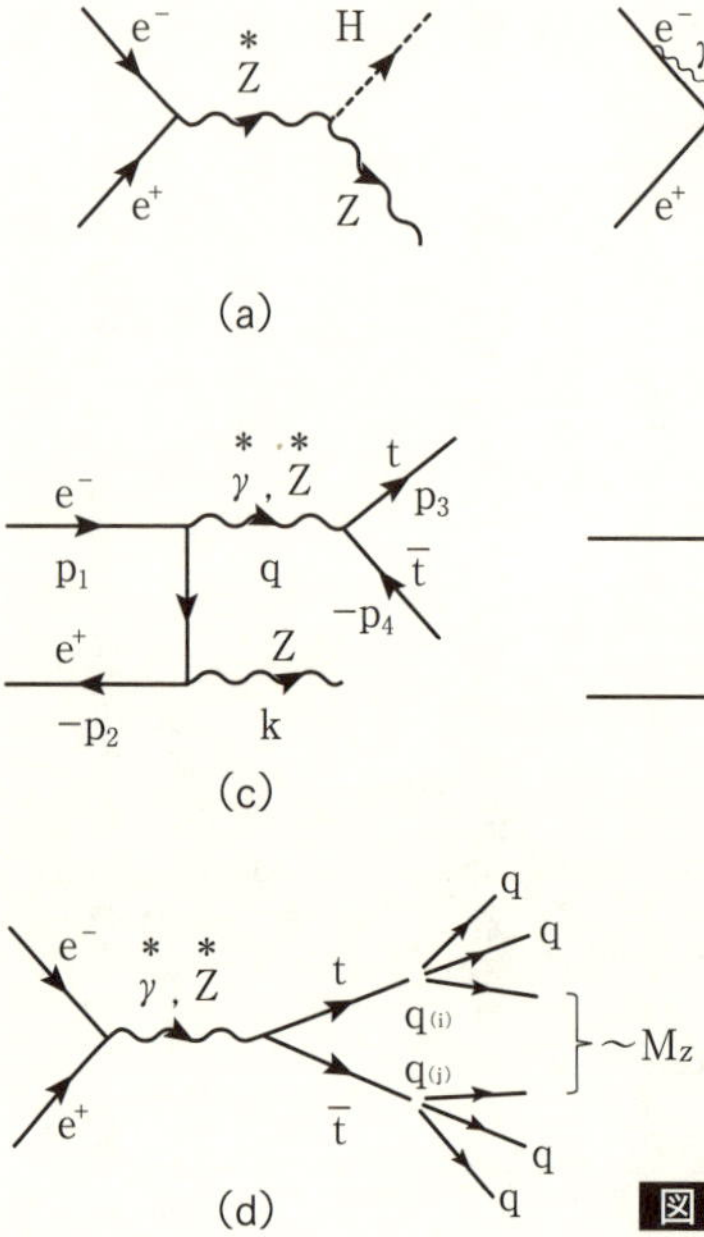

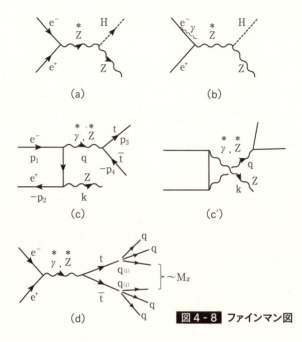

図 4 - 8　ファインマン図

ペンローズが考えたスピン・ネットワークは、ファインマン図と違って、具体的に素粒子の相互作用の確率を計算するためのものではなく、スピンが集まって複合状態を作るときの規則を計算するために考案された。スピンの足し算の際、専門用語では「クレプシュ＝ゴルダン係数」というものが登場するのであるが、ペンローズのスピン・ネットワークは、その計算に代わる方法として編み出されたのである。

まあ、その本来の目的は、物理学科の学生にしか興味がないような技術的な問題であるが、スピン・ネットワークの副産物はすごかった。ペンローズは、スピン・ネットワークがきわめて面白い性質をもっていることに気がついたのである。その性質とは、三次元空間の角度である。

もともと、スピン・ネットワークというのは、べつに三次元空間の中で網目を作ったわけではない。ただ単に、スピンどうしをくっつけていったのであり、長さや角度といった幾何学的な量とは関係のないものであった。ところが、ペンローズは、次のような定理を証明したのである。

スピン幾何学定理＝スピン・ネットワークから出てきた「角度」は、三次元ユークリッド空間の角度と同じ性質をもつ

これは、一種の発想の転換だ。「時空の中にスピンという性質をもった素粒子がある」と考えるのではなく、「スピンという何やらわからぬ数学的性質が集まると、時空に見える」というのである。

ちょっと、わかりにくいかもしれない。

われわれは長年、時間と空間の中に住んでいるため、時間と空間が話の始まりだと考えがちだ。だが、本当にそうだろうか？　もしかしたら、「何か」宇宙の根源のようなものがあって、その一つの性質として、時間と空間が現れているとは考えられないだろうか？

実際、アインシュタインの特殊相対性理論だって、時空が元からあるというよりは、世界の根源に「光」があると考えて、その光の速度を一定にするための概念上の道具として、時空というものが生じたのだ、というような構成になっている。だから、光速を不変にして、時間が遅れたり空間が縮んだりするのである。時空よりも光のほうが基本なのだ。

それと同じで、ペンローズは、光よりも基本的なスピノールを世界の基本に据えたのである。スピノールを2乗すると光になるということは、光よりもスピノールのほうが基本的なパーツと考えられるからだ。

このスピン・ネットワーク、現代でもいろいろな方向に発展していて、量子重力理論にも登場する。

●〝ひょうたんから駒〟ならぬ、スピンからツイスター

スピン・ネットワークを数学的に発展させたのが、ペンローズの「ツイスター」だ。

これは、おおまかに言うと、スピン二つのペアで時空や粒子を記述しよう、という壮大な試みで、そのスピンの特殊なペアのことを「ツイスター」とよぶ。なんで、そんな名前がついているのかといえば、ツイスターをわれわれが目で見ると、「竜巻」のような奇妙にねじれた形をしているからだ。ツイスターを可視化する方法は、ペンローズの同僚のイゴール・ロビンソンが考え

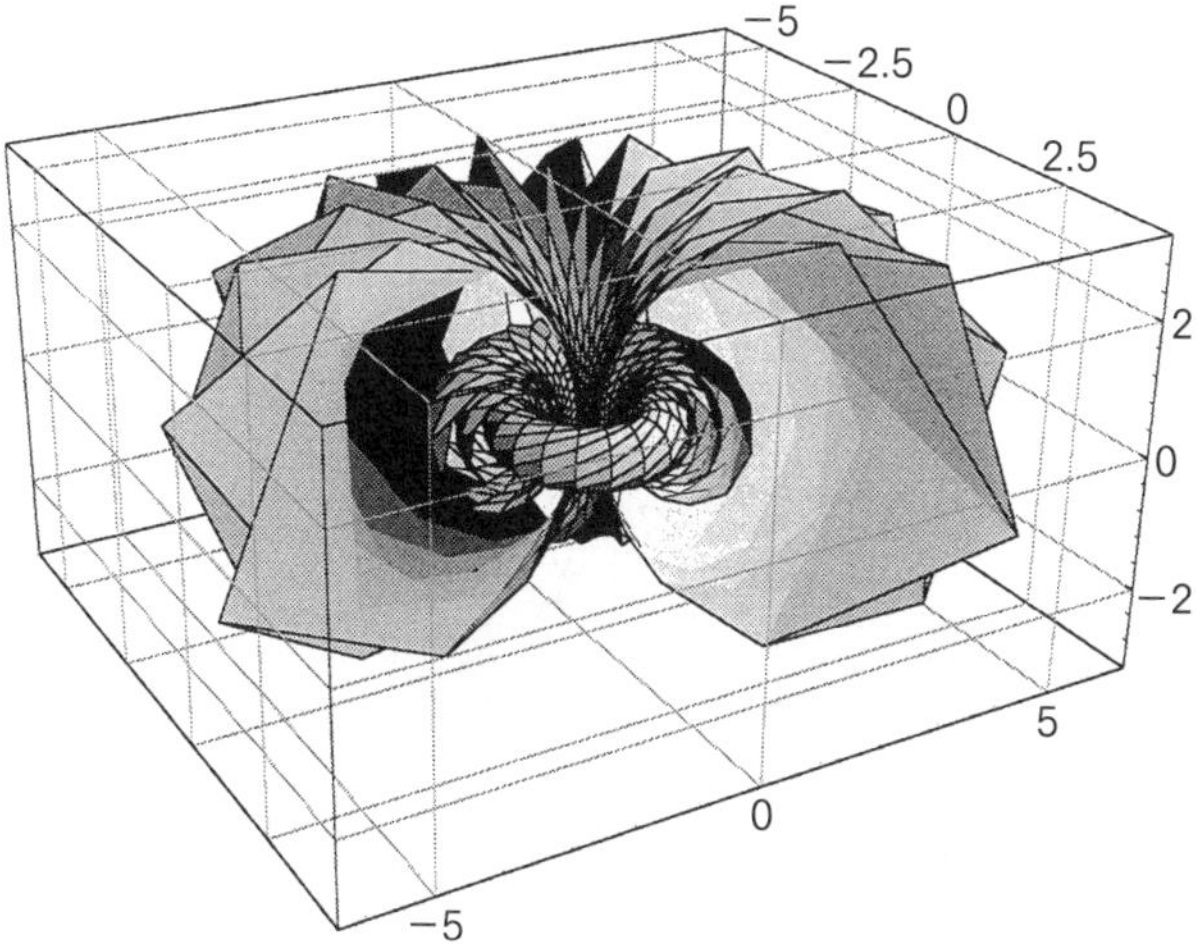

図4-9　数式をもとに『マセマティカ』で描いたツイスターの姿

出した（図4-9）。

ペンローズとリンドラーの分厚い教科書に、ペンローズ自身の手描きのツイスターがあるが、ここでは、数式をもとにマセマティカで描き直した（マセマティカで実際に描いてみたい方のために、付録に数式とプログラムを載せておいたので参考にしてほしい）。

この絵、少々、解説が必要だろう。

絵は、無数の入れ子になったドーナッツからなる。ドーナッツの一つに注目すると、その表面には、これまた無数のループ（輪）がある。その一つのループに注目すると、それはドーナッツの表面をねじれるようにぐるりと1周している。マジシャンがよく、いくつものループをくっつけたり分離したりする手品をやるが、あれと同じで、ドーナッツ上の無数のループは、すべて互いにからんでいる。

ただし、この絵は、実はツイスターそのものではなく、ツイスターの「骨格」にすぎない。ツイスターそのものは、この骨格に多少、肉づけしてやらないといけない（骨格は、専門用語では「積分曲線」という）。

それは、ループの各点に無限小の懐中電灯をとりつけて、スイッチをオンにするのだ。すると、一つのループからは、ちょうど、ねずみ花火が回転して周囲に火花を散らすのを派手にしたように、無数の光の線が飛び出す。おまけに、互いにねじれてからんでいる無数のループで同じことが起きているので、いわば、ねじれた光の「棒」の乱舞のごとく見えるはずだ。さらに、これが、無数の入れ子になった大小のドーナッツのすべてで起きているのだから、その美しさは、人間の想像の域を超えている。そして、その全体が、光速で中心軸方向に飛んでいくのだ！

この「光の竜巻」は、非常に複雑な構造物である。これだけ複雑なのだから、森羅万象の根源になっていると言われても、なんとなく納得がいく。

量子重力理論の専門家であるスモーリンは、ツイスターについて、次のように解説している。

ペンローズのツイスター理論では、時空はニュートリノが伝播するときに見るものとして記述される。そのため、この記述は本質的に非対称なのだ。ツイスター理論は、ニュートリノの左巻きに対応するように、いわば左利きの観点からの空間と時間を与える。驚くべきことに、世界がその鏡像と違って見えるこの記述が、ある意味で、通常の対称的な記述よりも単純であることをペンローズは発見したのだ。（『The Life of the Cosmos』Lee Smolin, Oxford／竹内訳）

最近は、ニュートリノに質量があることが実験からわかり、その業績で梶田隆章さんが2015年のノーベル物理学賞を受賞した。ニュートリノは光速で飛ばないし、左巻きも右巻きもありうる。だから、このスモーリンの解説にも訂正が必要だが、要するに、

「光速で飛んで左巻きに旋回しながら世の中を見たらどうなるか」

というのがツイスターの世界なのだ。

ここでは、素粒子のようなモノ、あるいは時空のようなイレモノが先にあるのではなく、ぐるぐる旋回する過程、光速で動くという過程、そういったツイスターの「過程」から話が始まっている。モノではなく、コトから話が始まるのである。

さきほども少し触れたが、このような事情は、すでにアインシュタインの特殊相対性理論において出現していた。よく、

「どうして光は光速を超えられないの？」

という質問を耳にするが、むしろ、話は逆なのだ。光速で動いているという「過程」が最初にあ

って、それを人間が観測するための二次的な概念として「時空」が生まれるのである。つまり時空とは、すべての根源が「光速という過程」であるように認識するための概念的な道具にほかならないのだ。

特殊相対論の数式だけを見て、速度 v が光速を超えたら「タキオン」になる、と論ずることは、だから、文法をいじくって意味のない文章をこさえるのと似ている。日本語でも英語でも、初めに使用されている意味、つまり過程があって、それから二次的に文法が生まれるのであって、その逆ではない（もちろん、意味のあるタキオンだってあるかもしれない。だが、その場合は、相対論という文脈を変える必要がある）。

スピノールは、大きさゼロのベクトル、すなわち「光」の平方根であった。だから、スピノールは、物理的に考えれば、光速で回転している一種の「過程」なのである。残念ながら、一つの過程だけからは、実りのある物理理論は生まれない。そこで、ペンローズは、たくさんのスピンを集めたスピン・ネットワークを考え、さらに、それを精緻《せいち》化して、スピンのペアをもとにしたツイスターを発明したわけである。

ペンローズのやっていることは、だから、ある意味でアインシュタインの哲学をさらに推し進めて、光速と回転という基本過程から森羅万象を紡ぎ出すという、物理学の手品なのである。

数学好きの読者のために、一つ補足しておこう。

光の竜巻のツイスターだが、その極限の形はどうなるだろうか？　つまり、入れ子のいちばん真ん中には、無限小の「芯」のドーナッツがあって、それは輪ゴムのようなループになっているのだが、その芯のループ半径がゼロだったらどうなる？

そういった極限のツイスターは、ねじれてからまっていた無数の光の棒が、一点で交わることになる。ツイスターの中心の一点から、無数の光の線が四方八方に飛び出した光の「爆発」である。その光の爆発がある方向に光速で飛んでいる。このようなツイスターは「縮退している」といわれ、ヌル・ツイスターとよばれている（ヌルは「ゼロ」という意味）。

佐藤文隆氏の量子力学の本を読んでいたら、やはり、ペンローズの話が出てきた。

エルサレムでの国際会議（一九九七年）の際、ある招待の宴でペンローズの隣席になり、最近執筆の本について会話を楽しんだ。彼は量子力学の解釈でも独自の説を振りまいている。「波動関数は電磁場が存在するという程に在るものか、それとも情報量であって時空に場所を占めないのか、あなたはどちらだと考えるか」と尋ねてみた。「興味ある問題の立て方だが、電磁場があるという意味はどういうことかな」となってしまった。確かに、彼のツイスターと銘打つ数学的な媒体に物理量を載せて表現すると、時空的に在るというイメージは消滅する。大体、時空的に「在る」を云々するのは「無い」領域とのコントラストのことを言っている。「在る」ものは局所的に在るというイメージは誰でもする。これの逆をいって、非局所的なツイスターを基本にして局所的存在を表現するアクロバットを彼は試みているのだ。

（「あちら」と「こちら」、『量子力学のイデオロギー』佐藤文隆著、青土社）

確かに、われわれは、素粒子が「どこか」にある、というような直観をもっている。「どこか」というのは、大きさのない点である。つまり、素粒子が局所的に存在すると（漠然とだが）考えている。

ペンローズのツイスターは、ねじれた光の束であり、時空全体に存在するしろものだ。だから、それを基本に据えれば、局所的な点という概念は、二次的に出てくるにすぎなくなる。

現代物理学における最大の難問は、（脳の問題や老化の問題とは、また違った意味で）アインシュタインの一般相対論と量子力学の統合である。一般相対論は、重力理論であるため、この問題は、「量子重力理論」とよばれている。

ペンローズがツイスターを発明した動機の一つは、ツイスターによって重力を量子化しよう、というものであった。量子論では、物の存在がぼやける。通常の量子力学でも、粒子の位置と運動量は同時に測定することができない。いわゆる「ハイゼンベルクの不確定性原理」である。世界には、本質的な不確定性がある。

一般相対性理論は、時空のダイナミクスを扱うものだから、それを量子化すれば、当然のことながら、時空を作っている「点」がぼやけてしかるべきであろう。ペンローズのツイスター理論では、確かに点はぼやけている。ファジーになっている。

だが、正直いって、ツイスターによって量子重力理論を構築する試みは、あまり進んでいない。ツイスターは、スピノールを基にしている。そして、スピノールはもともと、平らな時空に棲む生き物なのだ。だから、アインシュタインの曲がった時空を記述する場合、いろいろと問題が出てきてしまう。

今のところ、ツイスター理論は、物理学よりも、むしろ数学の分野における手法として定着しており、さまざまな成果を挙げてきた。本来、物理学のために考案されたツイスターが数学の分野で活躍するというのも皮肉な話であるが、ペンローズは、やはり、根っからの数学者なのかもしれない。

実を言うと、ウィッテンやスモーリンらによる量子重力理論の最近の発展には目を見張るものがあるのだが、そこには、面白いことに、ペンローズのスピン・ネットワークの発展形が登場する。

ペンローズのスピン・ネットワークは、根っこである。それは、ツイスターという枝では行き詰まっているかもしれないが、別の枝と「幹」となって、現代の量子重力理論の本流として成長を続けているようなのだ。

次章では、四次元時空を舞台にした、スピン・ネットワークとトポロジカルな場の理論、さらには結び目理論と量子重力理論の興味深い関係について見てみたい。

第5章

ゆがんだ四次元

時空の最終理論をめざして

ペンローズは、一貫して四次元が特別であることを主張してきた。そもそも、この世はなぜ四次元になっていて、他の次元ではないのか。なぜ、宇宙は二次元でも一〇〇次元でもないのか。宇宙（時空）が四次元であることとペンローズの理論とはどう関係するのか。

ペンローズのライヴァルたちは、四次元についてどう考えているのか。特に、「超ひも理論」の旗手としてフィールズ賞にも輝いたエドワード・ウィッテンは、どのようなスタンスをとっているのだろうか。いわゆるサイバーグ＝ウィッテン理論では、四次元が特別であることが数学的に証明されるが、それならば、一見、対立しているかに見えるペンローズとウィッテンの理論にも共通項があるのではあるまいか。

四次元の不思議な魅力に迫る。

●超ひも理論からトポロジカルな場の理論へ

エドワード・ウィッテンと言えば、ご存じ、超ひも理論の指導的な立場にある研究者で、物理学者にもかかわらず、「数学のノーベル賞」とよばれるフィールズ賞を受賞したことでも有名だ。

そのウィッテンはあるとき、「超ひも理論には21世紀の数学が必要だ」というような感想をもらした。そして、1980年代半ば以降、数学に近い物理学の研究に着手した。

ウィッテンの業績については、数学者の多くが戸惑いを見せた。なぜなら、そのスタイルが、徹頭徹尾、物理学者のセンスによる数学であったから。にもかかわらず、ウィッテンは、多くの数学者には手に負えない難問を、次々と物理学的な手法を駆使して、解いていったのである。

フィールズ賞の受賞のもとになったのは、数学のジョーンズ多項式と物理学の場の理論の関係を扱った仕事であるし、話題になっているサイバーグ＝ウィッテン方程式は、物理学的には超対称性理論の厳密解とよばれるものであり、数学的には、四次元のトポロジーの難解な計算を「1000倍もやさしくする方法」なのである。

トポロジカルな場の理論というのは、通常の場の理論とどう違うのだろう？

通常の場の理論には、「計量」とよばれるモノサシが存在する。「長さ」というのは最初から存在するものではなく、モノサシでどうやって測るかがわかって、初めて意味をもつ概念だ。たとえば、ふつうのユークリッド空間では、三平方の定理（ピタゴラスの定理）というのがあって、斜辺Sの2乗は残りの2辺XとYの2乗の和になっている。これは、

$$S^2 = X^2 + Y^2$$

と書くことができる。実をいうと、ここに「計量」とよばれるモノサシが隠れている。隠れているというのは、ふだん、われわれが意識しないが、ずっと前からそこにあるからである。三平方の定理は、本当は、

$$S^2 = 1 \times X^2 + 1 \times Y^2$$

という形なのだ。そして、この二つの「1」が隠れていた計量である。つまり、斜辺SをXとYという座標の値から計算するためには、それぞれを「1倍」して足すのである。その意味で、「1」という数字は、モノサシの目盛りの役割を果たしている。

「1なんて、書いても書かなくても同じじゃないか！」

そう言われるかもしれない。確かに、1ならば書いても書かなくても同じだ。だが、このモノサシをいろいろと変えると、時空が曲がったりして、話が面白くなるのである。たとえば、時空にあいた穴であるブラックホールの場合、半径をr、重さをmとして、「1」ではなく、

$$\frac{1}{1-2m/r}$$

というような奇妙なモノサシが現れる。

一般に、「1」の代わりにXやYの関数が出てくると、場所によって（XやYの値に応じて）モノサシの目盛りが変わるため、時空が曲がっていることになる。

アインシュタインの一般相対性理論は重力場の理論だが、このように、「計量」が中心的な役割を担っている。

ところが、トポロジカルな場の理論では、事情が一変する。そこでは、もはや計量は存在しないのだ。計量が存在しないのであれば、座標から斜辺を計算できないから、長さがわからない。

実際、数学の分野であるトポロジーには、長さの概念がない。トポロジーは、ものの形だけを

扱うのである。だから、ビーチボールとみかんの皮とはトポロジーの観点からは同じだし、マグカップとドーナッツも同じだ（穴がいくつ開いているかを考えてほしい）。

トポロジカルな場の理論は、長さを無視した、「ヘンな」場の理論なのだ。長さ、つまり距離の概念がないのだから、そこにはダイナミクスは存在しない。ふつうは、粒子が時間とともに動いて距離が変わるのだが、初めから距離の概念がないトポロジカルな場の理論には、ダイナミクスはないのである。

このトポロジカルな場の理論、純粋数学の分野である「結び目理論」と深いつながりがあることが判明して、一時、大騒ぎになった。

そこで、ちょっと、結び目理論を見ることにしよう。

●ジョーンズ多項式とウィッテン

私は以前、『ディオニシオスの耳』というミステリー小説を書いたことがある。

いわゆる物理学的なトリックを使ったミステリーで、主人公は物理学者。そこで、非常に初歩的な結び目のトリックというのを利用したのであるが、「結び目理論」(knot theory) というのは、結び目を区別するという実用的な動機から始まって、今や、数学と物理学の最先端の理論となってしまった。

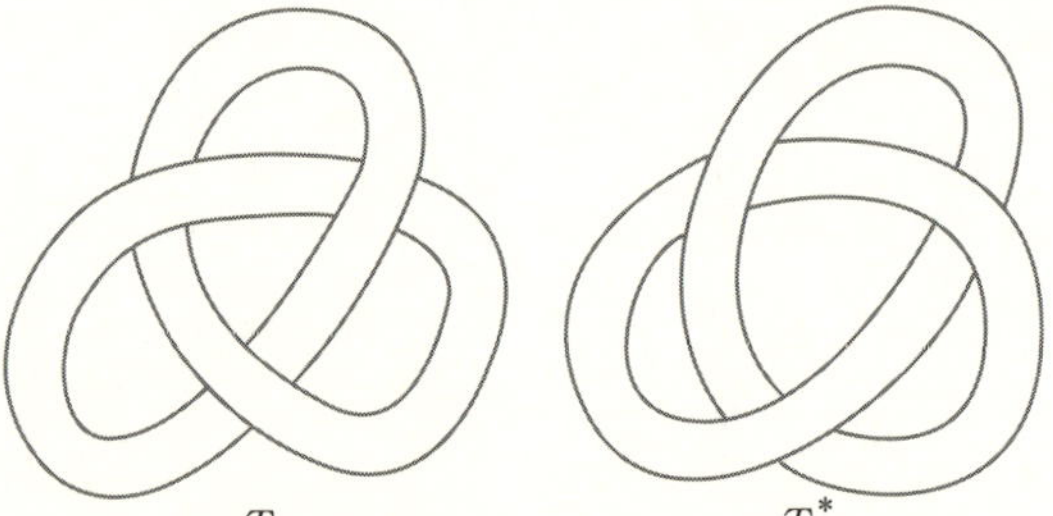

図5-1　三葉結びと鏡像

なんで、結び目を区別しなくてはいけないのか？　確かに、簡単な結び目ならば、目で見ただけで、同じ結び目か別の種類の結び目か、簡単に区別がつく。誰も、蝶結びと固結びを取り違えることはない。

だが、ちょっと複雑な結び目となると、もう、目で見ただけでは区別はつかない。そこで、結び目を数式にして、その数式が同じかどうかで「科学的」に判断することになる。その数式には「アレキサンダー多項式」とか「ジョーンズ多項式」といった名前がついている。

1985年にジョーンズが「ジョーンズ多項式」を発見するまで、たとえば、三葉《みつば》結びとその鏡像、つまり鏡に映した結び目とが「同じ」かどうか、区別することのできる多項式は見つかっていなかった（図5-1）。それまで使われていたアレキサンダー多項式では、二つは同じ多項式になってしまうからである。

ジョーンズの発見は、それまで停滞気味であった結び目理論の研究に火をつけた。ただ、そこまでは、あくまでも数学の一分野における発見の歴史にすぎず、大きな業績には違いないが、たとえば物理学者には興味のない話題にとどまっていた。

ところが、ルイス・カウフマンによって、ジョーンズ多項式が、結び目の「ブラケット状態の和」として計算できることが示され、その状態の和をとるという方法が、統計物理学の方法と酷似していたため、俄然、物理学者の興味をひくようになったのである。というより、物理学者にも結び目理論が理解できるようになった、と言うべきか。

だいたい、数学者と物理学者は、同じことを言っているのに、互いに意思の疎通がはかれないことが多い。かく言う私も、物理学の教育を受けているため、数学者の書いた論文は非常に読みにくい。同じ問題を論じているのに、使う言葉や概念や方法論がまったく違うというのも困ったことである。

結び目理論も、原子の状態をエーテルの結び目として理解しよう、という19世紀のケルヴィン卿の素朴なアイディアの時点では、描像もかなり具体的で物理学的だったのであるが、その後、数学者が純粋に抽象的な問題として研究を始めてから、物理学者には理解できなくなりつつあった。

でも、カウフマンは、きわめて物理学的な手法によって、ジョーンズの画期的な多項式を物理学者の手の届くところまでもってきてくれたわけである。

ジョーンズ多項式の例を出しておこう。
さきほど出てきた三葉結びと、その鏡像の場合、ジョーンズ多項式は、

三葉結び：$t+t^3-t^4$
その鏡像：$t^{-1}+t^{-3}-t^{-4}$

となる。ジョーンズ多項式は、このように三葉結びとその鏡像を区別することができるのである(それまでに知られていたアレキサンダー多項式などでは、この二つが一緒になって区別できなかった)。

そして、ジョーンズ多項式と物理学の決定的な「結婚」は、エドワード・ウィッテンによってとりもたれることになる。

どうも数学の話を数式なしで解説するのは難しい。ワーズワースの詩を英語を使わないで解説するのが難しいようなものだ。どこまで話が伝わるか自信がないが、筋書きはこんなふうだ。

ウィッテンは、長さのないトポロジカルな場の理論におけるある積分が、カウフマンの状態和と同値であることを発見したのである。つまり、

トポロジカルな場の理論の積分→カウフマンの状態和→ジョーンズ多項式

という連鎖によって、それまでまったく無関係と思われてきた場の理論と結び目理論が見事につながったのである。

ところが、話は、ここで終わらない。

量子力学と一般相対論を統合しようという量子重力理論は、さまざまな困難に遭遇し、何十年も進展がなかったが、アシュテカーらによって新しい変数が使われるようになって、一気に緊迫した状況になってきた。それまで長い間、物理学者たちは、通常の量子力学の方法を一般相対論に拡張しようと四苦八苦してきた。その拡張のパターンは、

「通常の量子力学の粒子の位置 x、を一般相対論の計量 g で置き換える」

というものだったが、なかなかうまくいかなかった。アシュテカーらは、新しい変数として、計量の代わりに「接続」とよばれる量を使うことにした。接続というのは、曲がった時空において、ベクトル（またはスピノール）を平行移動する、つまり離れた地点に接続するという意味をもった量だ。

話が数学的で申し訳ないが、この視点の変更によって、状況は一変した。もともと、量子重力理論のネックの一つは、「束縛条件」の扱い方にあった。アインシュタインの一般相対論に出て

くるアインシュタイン方程式は、10個の連立微分方程式なのだが、そのうちの四つは束縛条件で、残りの六つが時間発展を表している。

ふつうの力学でも、たとえば、粒子の位置が時間とともに変わる状況を表す運動方程式のほかに、エネルギー保存という束縛条件が必要だ。それと同じで、一般相対論も、運動方程式のほかに束縛条件が必要なのである。そして、この束縛条件を、なかなかうまく量子力学的に書き直すことができなかったために、量子重力理論の定式化が阻まれてきたのであった。

不思議なことに、この束縛条件は、ウィッテンの考えたトポロジカルな場の理論の状態を使うと自動的に満たされるのである。量子重力理論のネックは、トポロジカルな場の理論によって見事に解決された。

また、話がちょっと先走るが、スモーリンとロヴェーリによって、量子時空の状態が一種の絡み目として記述できることがわかり、ここに、トポロジカルな場の理論、結び目理論、量子重力理論という、一見、まったく関係のない分野が密接につながっていることが判明した。

さて、この奇跡のような「三角関係」の中心に位置するのが、これまた驚くべきことに、ペンローズのスピン・ネットワークなのである。

●スピン・ネットワークと量子重力

ペンローズの還暦を祝う論文集『幾何学的宇宙』（『The Geometric Universe』）の中で、結び目理論の専門家のルイス・カウフマンは、次のように述べている。

もともとペンローズのスピン・ネットワークは、量子力学的な角運動量の再結合の理論に代わる、図を使った組み合わせ的な方法として考えられた。この図を使った方法の鍵は、古典的なイプシロンの性質をもとに、図の平面的な変形におけるトポロジカルな不変性が得られるように調整された、抽象的テンソルの系である。このトポロジカルな不変性の方向への調整こそが、スピン・ネットワークをジョーンズ多項式のブラケット状態モデルの特殊な事例にするのである。

（竹内訳）

と、まあ、これだけ読んだのでは、聞き慣れない専門用語ばかりでちんぷんかんぷんだが、要するに、カウフマンが言っていることをふつうの日本語に翻訳すると、

「ペンローズの発明したスピン・ネットワークが発展して、結び目理論のジョーンズ多項式や量子重力理論の最近の動向へとつながった」

ということ。

もともと、スピン・ネットワークには、ペンローズが証明した「スピン幾何学定理」というの

があった。もう一度、その内容を書いておこう。

スピン幾何学定理＝スピン・ネットワークがある程度大きくなると、自然と三次元空間の備える性質、特に角度の性質が現れてくる

ペンローズ自身は、この結果から、時空がスピンをもとに作られているのだという確信を深め、やがて、スピンの概念を拡張して真に時空を定義できるほど内容が豊かな構造、すなわち、ツイスターを発明したのであった。しかし、ツイスターという枠組みは、多くの数学的に有意義な結果をもたらしたし、確かに平坦な時空は生み出したが、曲がったアインシュタインの時空の記述にはいろいろな問題があって、ツイスター計画自体は、傍《はた》から見ているかぎり、袋小路に迷い込んでいるのではないか、との印象を与える。

だが、同じスピン・ネットワークに起源をもつ（少なくとも理論的には親戚関係にある）結び目理論が、量子重力理論と結びついて、どうやら、スピン・ネットワークの子孫は、ウィッテンらによって、まったく別の道を歩み始めたようなのである。

すでに書いたが、ウィッテンは、トポロジカルな場の理論を使って定義される「ウィッテン不変量」とよばれるものが、結び目不変量であるジョーンズ多項式と同じことを示した（不変量と

いうのは、たとえば、結び目を引っ張って、その形を少し変えても不変な、結び目の「結び方」の特有の量、という意味）。

ケルヴィン卿の「原子はエーテルの結び目だ」というアイディアは、今や、量子重力理論で復活を見た。その立て役者の一人がリー・スモーリンだ。

ペンローズは、もともとスピン・ネットワークを一種の準備運動、離散的な空間と時間の真の描像の一端を反映したゲームのようなものとして考えていたに違いない。しかし、われわれの研究でわかったことは、量子力学の原理を一般相対論にあてはめると、まさにこのゲームが、なんの細工もなしに現れ出るということだ。時空の量子状態のおのおのは、スピン・ネットワークになっているのである。

（『The Life of the Cosmos』Lee Smolin, Oxford／竹内訳）

一般相対論を量子化するということは、古典的な時空が量子状態の重ね合わせになる、ということにほかならない。そして、その時空の量子状態が、ある解釈のもとで絡み目になっているのである。

イメージとしては、エーテルの違った結び目が異なった原子状態を表すのと同様、絡み目がたくさんの量子時空状態を表すのである。そして、その絡み目は、ペンローズのスピン・ネットワークとして解釈することが可能なのだ（図5-2）。

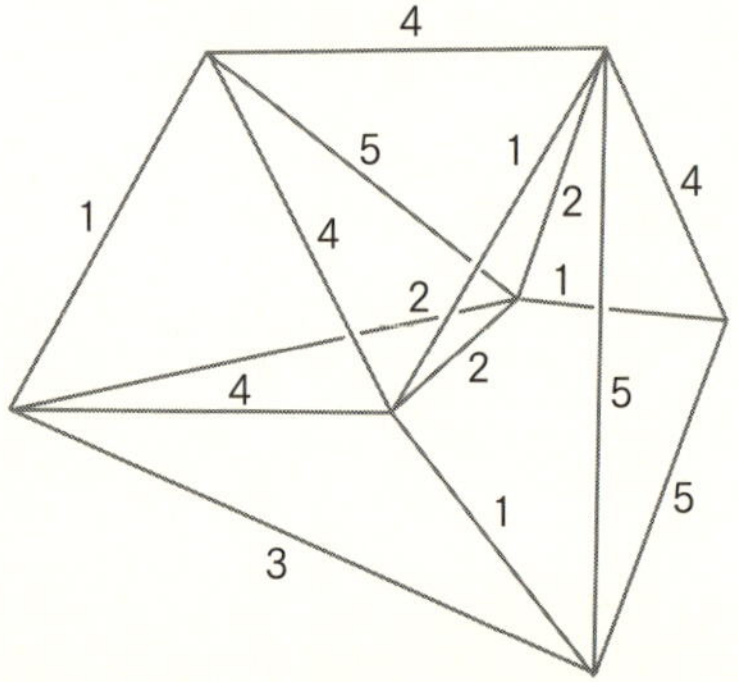

図5-2 **スピンネットワーク（量子時空）の数学的モデル**（『The Life of the Cosmos』Lee Smolin (Oxford)）

●四次元の不思議

四次元というのは、非常に特殊で不思議な次元だ。ペンローズのツイスター理論によって、四次元世界を左巻きのニュートリノの観点から見ると世界が単純に見える、という話が出てきたが、その秘密は、4という数字に隠されている。時空の曲がり方というのは、「曲率」とよばれる量で記述されるのだが、それは、おおまかに言って二次元の量なのだ（二形式、二フォームとよばれる）。そして、4は2＋2であるため、曲率がきれいに2種類に分かれるのである。比喩的にいうならば、右利きと左利きに分かれるのである。

物理学には「双対《そうつい》」（duality）という概念が頻出する。たとえば、電磁気学で電場の双対は磁場である。

重力のもとになる曲率にも双対の概念を用いることができて、たまたま時空の次元が４であるために、ものごとが単純化されるというわけである。

すべてをベクトルでなく、スピノールに還元して考えるペンローズの方法は、一見、ふつうの一般相対論の計算に慣れた者には煩雑なだけに思われる。だが、双対性、すなわち、右回りと左回りという観点から理論を見て計算すると、スピノールを使ったほうが非常にきれいで単純なことがわかる。さらに、重力を量子化しようとすると、双対性の考えが非常に役立つのである。

一方、サイバーグとウィッテンによる面白い結果がある。それは、物理学的にはクォークの閉じ込め問題と関係しているが、数学的には、四次元の微分構造と関係している。クォークの閉じ込めとは、

「陽子や中性子はクォークからできているのに、どうして、クォークは単体では発見されないのか？」

という問題。たとえば、陽子は、アップ・クォーク２個とダウン・クォーク１個からできているが、アップ・クォークもダウン・クォークも、それだけの単体では発見されていない。なんらかのメカニズムによって、クォークは、核子の中に閉じ込められているのである。

サイバーグとウィッテンは、１９９４年に、この閉じ込めのメカニズムの理解を促進する、四次元超対称性ゲージ理論の厳密解を発見した。

言葉の説明が必要だろう。

素粒子には、電子のようなフェルミオンとよばれる種類と、光子のようなボソンとよばれる種類がある。この本で何度も出てきたスピノールは、フェルミオンを記述するのに使われる。一方、光子はベクトルで記述される。「超対称性」というのは、このフェルミオンとボソンを入れ換える変換のもとで理論が不変な性質。

ちなみに、この超対称性変換を2回行うと、一般相対性理論に出てくる「一般座標変換」になる。その意味で、超対称性変換は、一般座標変換の「平方根」だと言うことができる。

ゲージ理論の実例として、電磁場を考える。ゲージ理論というのは、要するに、「ゲージ変換」で理論が不変ということ。これは、紙に電荷の点を一つ描いてみると理解できる。紙が空間で、そこに電子のような電荷をもった素粒子が1個あると考えるのである。ゲージ変換というのは、その電荷の点を回転させてやることにあたる。ただし、たとえば、紙全体を回転するような大局的な変換ではなく、その一点だけを回転させる局所的な変換である。

紙に親指をギュッと当てて、右に適当な角度、回してみよう。すると、紙には皺《しわ》が寄るはずだ。点を中心に放射状によじれた皺が生まれる。さて、この「局所的ゲージ変換」によって、紙が不変であるためには、最初から紙に皺が寄っていればいい。つまり、さらの紙にゲージ変換をしたのでは、変換の前後で様相が一変してしまうが、最初から皺が寄っていれば、ゲージ変換で

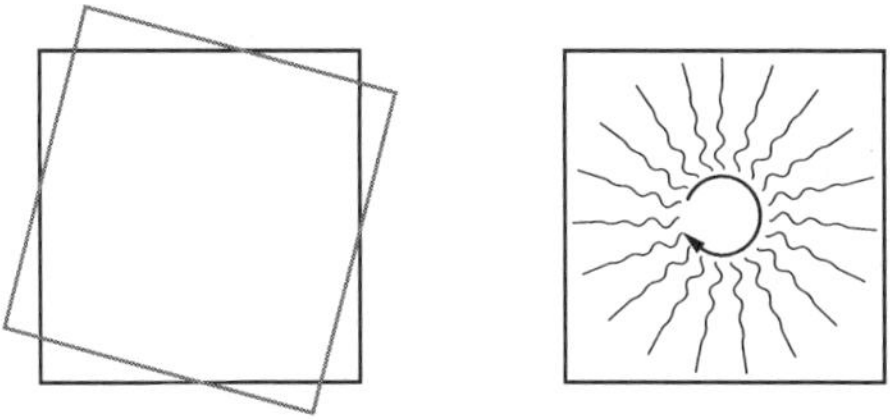

図5-3 ゲージ変換のイメージ図（『The force of symmetry』Vincent Icke（Cambridge））

局所的に回転してやっても、見え方は変わらない（**図5-3**）。

つまり、局所的ゲージ変換で理論が不変なためには、空間に皺が寄っている必要がある。この「空間の皺」こそが、光子の作る電磁場なのだ。

局所的ゲージ変換で理論が不変なためには光子が必要

この光子のことを「ゲージ粒子」とよぶ。

物理学には、このように、さまざまな変換が出てくる。そして、そのような変換のもとで不変な性質を研究するのが、現代物理学なのである。

さて、超対称変換を2回続けると一般座標変換になる、と言ったが、「一般座標変換」は物理用語である。数学者は、一般座標変換の代わりに「微分同相写像」という言い方をする。

どうも言葉が難しいが、街の似顔絵屋さんを思い浮かべてほしい。似顔絵というのは、絵が本物と似ているからこそ似顔絵なのである。そのとき、多少、デフォルメしてあっても、顔の輪郭が「なめらか」に再現されていれば、それは「微分同相写像」なのだ。微分同相写像というのは、なめらかな変換なのである。だが、デフォルメのしすぎで、丸い顎が角ばったりして、なめらかに写っていない場合、それは、もはや微分同相写像ではない。つまり、ギザギザが入ったり線が折れたりしてはいけないのだ。

似顔絵をコンピュータでやってみよう。そのためには、計算が必要になる。つまり、もとの顔を写真に撮って、x座標とy座標の方眼紙に輪郭を描く。これをデフォルメするというのは、xとyを適当に変数変換してやることにあたる。たとえば、$x \to 2x$とすれば、x座標の目盛りが2倍の間隔になるので、顔は横に広がる。もっと複雑な変換をしてやれば、デフォルメした似顔絵になるという寸法だ。一般には、

$$x \to f(x)$$
$$y \to g(y)$$

という具合に適当な関数、f、gを見つければいい。だが、この関数が途中で折れ曲がっていた

りするとダメ。ダメな例としては、

$$g(y) = |y|$$

と絶対値をとるようなものがある。$y=0$、つまり顔のど真ん中で折れ曲がってしまって、なめらかに元の顔が写らない。

物理学は、このような「顔学」と違って、顔の輪郭の代わりに電磁場とか波動関数を扱うが、変数変換の方法は同じだ。

さて、サイバーグとウィッテンの考えた方法は、物理的にはクォークの閉じ込めと関係するのだが、数学的には、四次元の微分構造と関係する。四次元というのは、似顔絵の例で、x、yのほかにt、zと計四つの座標軸を考えることに相当する。そして、微分構造というのは、早い話が、

「なめらかなデフォルメの数」

のこと。二次元の場合、なめらかに写ることのできる関数は無数にあるが、その無数の関数をひっくるめて「微分構造が一つある」と表現する。つまり、微分同相なものは、すべて「同じ仲間」と見なすのである。二次元の場合、折れ曲がっていない仲間どうしは、みんな一つの組に属

する。これは、微分の方法が二次元には一つしかない、ということ。

「そんなこたあ、わかっている。微分の方法が三つも四つもあったら混乱するだろう」

そう言われるかもしれない。だが、驚くなかれ、四次元には、微分の方法が無数に存在するのだ。

そう言われてもピンとこないかもしれない。言い方を変えよう。

四次元で、さっきと同じような似顔絵を描くとしよう。さっきは、折れ曲がった顔は、即、ダメになった。ギザギザで、なめらかでないからだ。ギザギザということは、微分できないということだからだ。ところが、四次元では、ちょっと事情が異なる。四次元では、確かに、なめらかな顔とギザギザの顔とは微分同相でないのだが、なんと、ギザギザの顔は顔で、自分たち独自の微分法がある、と主張するのだ。そして、驚いたことに、われわれの見ているなめらかな顔のほうが「ギザギザで折れ曲がっているゾ」と主張するのだ。

これは、かなり比喩的な説明である。だが、とにかく、なんとも不思議なことに、四次元には、無数の微分構造があって、そのどれも、他と孤立した概念になっている。言い換えると、四次元には、無数の「なめらかさの基準」が存在する。

われわれの頭には、なめらかさの基準（微分構造）は一つしかないから、このような異なった微分構造を具体的に想像するのは非常に難しい。

これは、私の個人的なとらえ方にすぎないが、四次元にある無数の微分構造は、なんだか、第1章に出てきた特殊相対論の相対性に似ている。相対論では、速度の違う立場の太郎と次郎が、互いに、自分を基準にして、「相手のほうが縮む」と主張し合っていた。それと同じで、今の場合、互いに、自分のなめらかさの基準でもって、相手が折れ曲がっている、と主張し合っているのである。

くりかえすが、このような理解の仕方は、かなり比喩的である。

この、四次元には無数の微分構造が存在する、というのは、最初に数学者のドナルドソンが証明したのであるが、サイバーグとウィッテンの方法を使うと、その証明が非常に簡単になる。ある数学者は、証明が1000倍カンタンになった、と言った。

二つ以上の微分構造があるとき、それを「エキゾチックな微分構造」とよぶ。なぜだかわからないが、われわれの住んでいる四次元は、エキゾチックな場所なのである。

面白いことに、四次元以外の次元では、微分構造は一つしかない（ここでは、数直線R^1や方眼紙R^2を拡張した、いわゆるR^nを考えている。球の場合だと、七次元の球面に28個の微分構造があることなどがわかっている）。

これは、きわめて個人的な予測だが、いずれ、誰かが相対性理論を拡張して、無数の微分構造の間の相対性を扱った理論が作られて、どうしてこの宇宙が四次元であるのかが、明らかになるような気がする。そして、それは、量子重力理論の完成と時を同じくするはずである。そのとき、ペンローズのスピン・ネットワークから派生した量子重力理論は結び目という描像で理解され、なぜ、四次元だけがエキゾチックなのか、その理由も解明されるに違いない。

一見、まったく別々のことをやっているように見えるペンローズとウィッテンは、なにやら、非常に近いことを異なる言語で語っているだけなのかもしれない。

第6章

ペンローズの「とんでもない」宇宙観

共形循環宇宙論の世界

宇宙暦10の100乗年、宇宙（n）は終焉を迎えようとしている。

地球暦1998年に発見された宇宙の加速膨張は、その後も続いたが、ついに原因が解明されることはなかった。

ワタシの遠い祖先が住んでいたとされる地球も太陽系もいまは存在せず、物質的な身体をもつ知的生命体も死に絶えた。そう、宇宙（n）の宇宙は膨張に膨張を重ね、希薄になり、ブラックホールだらけとなり、あらゆる物質がブラックホールの事象の地平線を越えて吸い込まれてしまったのだ。

膨張によって冷えた宇宙（n）の温度が、絶対零度に近づくにつれ、そのブラックホールも次々と蒸発するようになり、やがて、最後のブラックホール群が消滅する。

ブラックホールの消滅にともない、宇宙（n）のエントロピーは低くなり続け、10の88乗という値に近づいている。この値は、ペンローズ卿の予想どおり、宇宙（n）の初期値、すなわちビッグバン時のエントロピーにきわめて近い。

ブラックホールの消滅は続く。ワタシの意識を支えている重力ネットの崩壊が進んでいる。もうすぐワタシの意識も希薄になり、純粋なエネルギーの塊、すなわち光へと戻るのだ。

だが、その前に、次なる宇宙（$n+1$）に生まれるであろう知的生命体のために、この宇宙の構造、すなわちペンローズ卿の「ＣＣＣ」が正しかったことを伝えるメッセージを残さなくてはならない。

重力ネット上のワタシにできることは、重力相互作用をほんの少し「いじくる」ことだけ。でも、宇宙（$n+1$）の知的生命体が、彼らのビッグバンの名残《なごり》である背景放射を充分な解像度で観測した暁には、ワタシの残した人工的な重力相互作用の痕跡を見つけてくれるに違いない。

ワタシは、宇宙（n）にかつて存在した、知的生命体の意識の集合体。ＣＣＣを初めとして、われわれの祖先が連綿と紡いできた最重要な知識を宇宙（$n+1$）へと遺すのが、ワタシの最後の仕事。

われわれの知識が伝えられれば、宇宙（$n+1$）の住人たちは、ゼロから謎の解明に立ち向かう必要がなくなる。実際、宇宙（n）の科学は、宇宙（$n-1$）からの知識の伝授のおかげで飛躍的に発達した。おそらく、宇宙（$n-1$）の科学も、その前の宇宙（$n-2$）からの知識の伝授の恩恵を受けたのだ。

ワタシはその伝統の守人《もりびと》。いつの日か、宇宙（$n+x$）の知的生命体が、量子重力の最終方程式を発見し、宇宙の加速膨張の謎を解明してくれることを願って……、ああ、どうやら最後の暗号の刻印が終了したようだ……ブラックホールの消滅が臨界点を超えた。重力ネットの崩壊が始まった。ワタシの意識は希薄になってゆく……、さようなら宇宙（n）、すべては純粋なエネルギーの塊、光の世界へと戻る……。

＊

性懲《しょうこ》りもなくフィクション仕立てで遊んでみた。宇宙の終焉時に、知的生命体の集合体が、その意識をなんらかの形で宇宙規模の重力ネット（インターネットが進化したもの）にアップロードすることに成功し、次の宇宙にメッセージを送ろうとしている、という設定だ。

その時点で宇宙に残っているのは、ほぼ、ブラックホールと光だけと言ってよい。だから、この時代の重力ネットは、ブラックホールと光だけから構成されている。ブラックホールどうしは重力で相互作用するため、その相互作用がネットワークとして機能しているのだ（フィクション

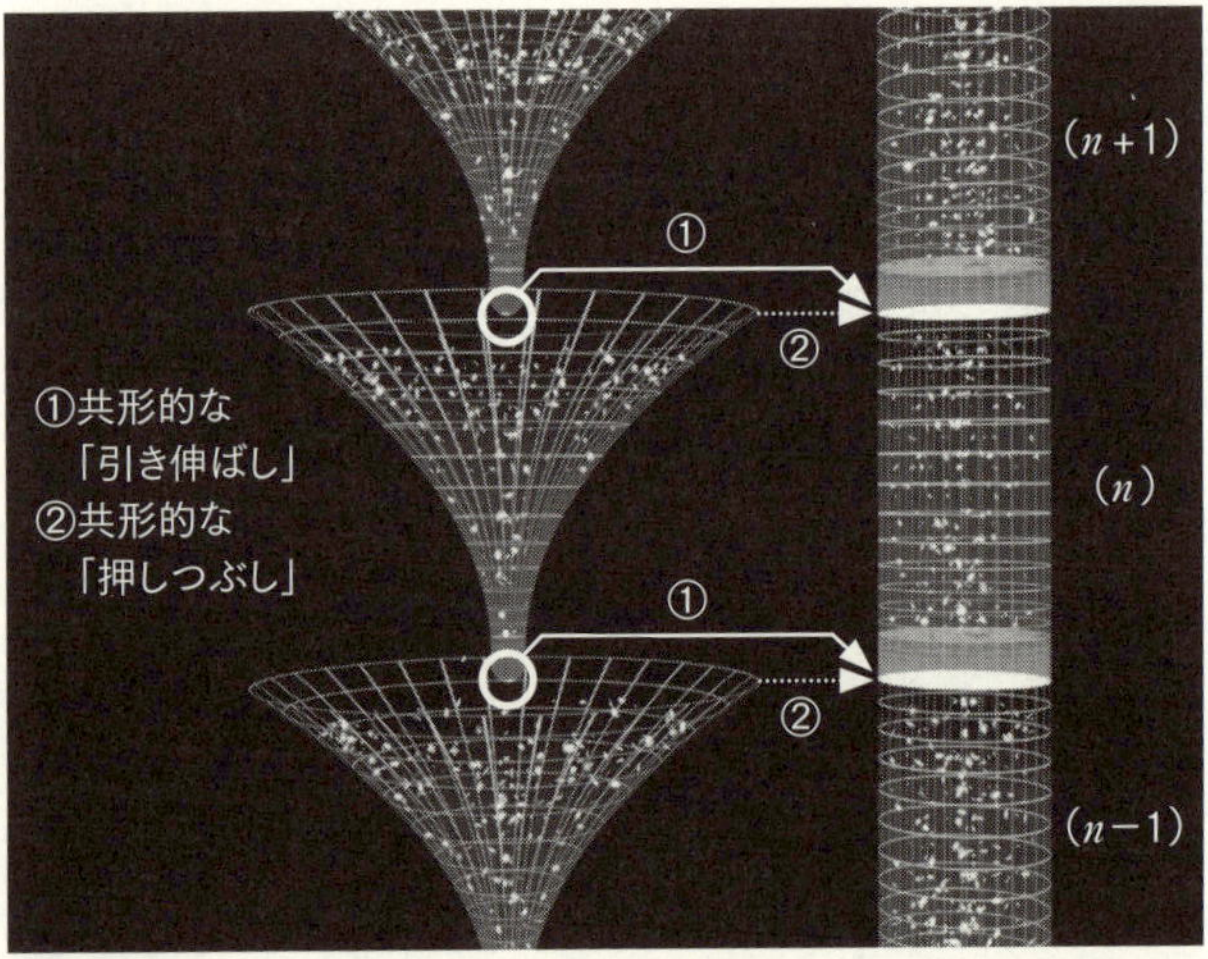

図6-1 この図は時空図なので、下が過去で上が未来になっている。ビッグバンを引き伸ばし、巨大に膨張した宇宙を押しつぶしてつなげれば、このような新しい宇宙の描像が得られる。

としては、ネットワークにおける光の役割も議論すべきだが、それは本筋から脱線するので、本書では割愛する。SF作品として完成させるなら、追加の設定が必要だ！）。

で、急にフィクション仕立てからノンフィクションの解説へと飛んで、この章では、ペンローズの最新宇宙論を解説する。その名も「共形循環宇宙論」。うーん、なんとも小難しい名前だ。英語ではConformal Cyclic Cosmology、略してCCC。

共形というのは、その名のごとく「形」を保ちながら全体のスケールだけを変えるような数学的操作を意味する。言い換えると、「角度」はそのままで、大きさが変わるのだ。いわゆる「相似」という奴である。

循環というのは、これまた字義どおりで、同じことがくりかえされる、という意味。イメージとしては、宗教や哲学でよく遭遇する輪廻転生《りんねてんしょう》に近いかもしれない。ただし、個々の生命・心が循環するのではなく、宇宙そのものが循環する。

ペンローズは、この共形と循環という二つの性質を併せもった宇宙論を展開している。その宇宙はこんな格好をしている（図6-1）。

ペンローズは、自身の宇宙論を「とんでもない」（outrageous）とよんでいる。図を見ただけでも、とんでもなさが伝わってくる気がしませんか？

●定常宇宙論とビッグバン

まずは、宇宙論の歴史をざっくりまとめてみよう。

宇宙の始まりは138億年前のビッグバン。だが、人類がビッグバンの存在に勘づいたのは、20世紀に入ってからのことだ。

まず、ベルギーのカトリック司祭ジョルジュ・ルメートルがビッグバンの元祖のような理論を提唱した（1927年）。続いて、エドウィン・ハッブルが遠くの銀河から届く光を観測し、それが遠ざかっていることに気づいた。遠ざかる救急車のサイレンが低く聞こえるのと同じで、光の振動が低い色にずれる「赤方偏移《せきほう》」現象だ（1929年）。

少し時間を巻き戻すと、1915年に幾何学的な重力理論（＝一般相対性理論）を発見したアインシュタインは、当初、物質による重力が宇宙を縮めようとし、（未知の）宇宙を膨張させる力がそれに対抗し、結果的に、宇宙がつりあった「静止」状態にあると考えた。アインシュタインはその後、宇宙が膨張しながら、物質を生み続け、宇宙全体の密度が変わらない可能性も考えた。おそらく、彼自身、どのような宇宙が正しい宇宙なのか、迷い続けたのではあるまいか。

アインシュタインの着想を引き継いだのが、フレッド・ホイル、トーマス・ゴールド、ハーマン・ボンディの三人組だ。彼らは1948年に「定常宇宙論」を発表した。ハッブルが発見したように宇宙は膨張しているが、同時に宇宙のいたる場所から物質が生まれ続けるので、宇宙の物質密度は不変で、ほとんど変わらないように見える、という精緻な理論だ。要は、悠久の過去から未来永劫まで、この宇宙の「大局的なようす」は変わらない、というのだ。この定常宇宙には、始まりもなければ終わりもない。

まあ、アインシュタインやホイルたちの気持ちもわからないではない。今は、誰もが学校で「宇宙はビッグバンから始まりましたよ」と教わり、それを鵜呑《うの》みにするが、本来、地球は丸より平らなほうが自然だし、宇宙も爆発せずに安定しているほうが当たり前。なにしろ、人間という奴は、身近な観察や実験の結果を敷衍《ふえん》して理論を構築する生き物だからだ。

たとえば、火山を見たことも教わったこともない人にとってみれば、地球が何千メートルも盛り上がって爆発するなんて、ありえない話だろうし、海を見たことも教わったこともない人にとってみれば、何千メートルもの深さの塩水が溜まっているなんて、冗談にしか聞こえない。だから、限られた観測しかない状況で、宇宙（全体）が太陽系のように安定していると考えるのは、ごく自然なのだ。

ところで、ルメートルがビッグバン理論の原型を考えたのには理由がある（と、私は思う）。ルメートル自身は、神学と科学は区別すべきだと考えていたようだが、それでも、司祭であった彼が神の存在を信じていたことは間違いがない。実は、ビッグバンは、明白な宇宙の始まりであり、しかも、かなり劇的な出来事なのだ。そして、その晴れ舞台の主役（もしくは総監督）は、キリスト教の神なのである！

宇宙が定常であったり、自動機械みたいに発展することは、神様の役割がなくなってしまうため、宗教的な観点からは、あまり好ましくない。日本人にとっては、科学と宗教がはっきりと分離されているのは当たり前だが、欧米の科学は、つねに宗教との緊張関係を通じて発展してきた。だから、ルメートルのビッグバン理論の背後にも、そのような「鬩《せめ》ぎ合い」を仮定して考えたほうがよさそうだ。

さて、科学的なビッグバン理論の裏づけは、（別の意味で）劇的な展開を見せた。『不思議の国のトムキンス』で有名なジョージ・ガモフが、「宇宙が爆発から始まったのであれば、その名残が全天から地球に降り注ぐ電波として残っていて、その温度は5度くらいのはずだ」という驚くべき予測をしたのである（1948年）。

5度というのは摂氏ではなく、絶対温度なので、摂氏に換算するとマイナス268℃くらい。電波の温度というのも聞き慣れないかもしれない。これは、その昔、製鉄所で溶鉱炉に小さな穴を開けて、見える色（＝波長）から温度を推測していたことに起因する。電波は、可視光の波長が長ーく引き伸ばされたもの。だから、電波にも温度がある。ガモフは、「この宇宙は、昔、灼熱の溶鉱炉だったが、膨張するにつれて冷えてゆき、いまはマイナス268℃の溶鉱炉になった」と主張したのだ。ということは、天文学者が、全天からそのような波長の電波が降り注いでいるのを発見すれば、ビッグバンの証拠となる。

ルメートルのビッグバン理論が1927年、そして、ガモフのマイナス268℃の溶鉱炉の予測が1948年。すぐにでもその証拠が発見されそうなものだが、実際には、1964年になって、アーノ・ペンジアスとロバート・W・ウィルソンが、ベル研究所のマイクロ波受信アンテナで試験をしていて、偶然にマイナス270℃の電波（正確にはマイクロ波）を発見した。

彼らはアンテナの試験をしていて、「ノイズ」がなくならないことに頭を悩ませていた。鳩の糞のせいかもしれないと思い、アンテナにこびりついていた「白い誘電性の物質」を除去し、その他のあらゆる電波源の可能性を検討したが、ついに原因が究明できなかった。それもそのはず。その電波は、全天から降り注ぐ、冷えた溶鉱炉の残り火だったのだ！（ペンジアスとウィルソンは1978年に、この業績でノーベル物理学賞を受賞している）

今から振り返ると、ルメートルとガモフの研究の後、ノーベル賞獲得競争が繰り広げられ、ペンジアスとウィルソンの発見につながったように感じてしまうが、まったくそんなことはなかった。

当時、科学界で広く受け入れられていたのは定常宇宙論であり、カトリック教会が支持していたビッグバン仮説は、科学者の間では人気がなかった。そもそも、「ビッグバン」という名前自体、定常宇宙論の提唱者であったホイルがラジオ番組に出演して、「宇宙がどでかい爆発（ビッグバン）から始まったという説があるが……」と、なかば茶化すように語ったのが、正式名称として定着してしまった経緯がある。だが、鳩の糞ならぬビッグバンの証拠が見つかり、定常宇宙論は、科学の表舞台から消えていった。

ビッグバンに異議を唱える科学者はほとんどいなくなったが、こんどは、ビッグバンだけでは説明できないことがいろいろと出てきた。ここではそのすべてに触れることはしないが、たとえば、地球の北極側と南極側で、空から降り注ぐ電波の温度にほとんどムラがないのは不自然だ。爆発というからには、いろいろなムラがあったはず。それが膨張して広がったとしたら、地球の

「真上」と「真下」とで、ほとんど温度のムラがないのはおかしいではないか。

こういった不自然さを解消するために、日本の佐藤勝彦やアメリカのアラン・グースらによって独立に提唱されたのが「インフレーション宇宙論」である。経済のインフレと同じように、初期宇宙には急激な膨張（「指数関数的膨張」とよぶ）があり、それによって、ムラが「均《なら》された」と考えるのだ（この説明だけでは、さすがに端折《はしょ》りすぎているので、たとえば、参考図書の佐藤勝彦の解説書をご覧いただきたい）。

ペンローズの宇宙論との兼ね合いでは、ビッグバンのころに宇宙が指数関数的に膨張した、という点が重要だ。理由は不明だが、この初期宇宙の指数関数的な膨張は終わり、フェーズ（相）が変わった。たとえば、水の相が氷の相に変わることを相転移とよぶが、その際にはたくさんの熱が吐き出される。逆に、たとえば皮膚についた水が気化して水蒸気の相に変わるときには、熱を奪うので、スーッと涼しく感じる。宇宙がインフレーション相から現在の相に変わった際には大量の熱が吐き出され、その熱のせいで、ビッグバンが起きたとされる。

さて、次なる宇宙論の驚きは１９９８年に訪れた。１９９８年のソール・パールマッター、ブライアン・シュミット、アダム・リースらによる観測で、超新星が計算より「遠くに行ってしまっている」ことが判明したのだ。つまり、現在ふたたび、宇宙はインフレーション相と同じような状況にあり、指数関数的な膨張期に突入しているのだ！（彼ら三人は、この業績で２０１１年

のノーベル物理学賞を受賞した）

なぜ、ビッグバンのころにインフレーションが起きて、なぜ、それが終息し、なぜ、今ふたたびインフレーションが起きつつあるのかは、謎のままだ。

●ビッグバンとエントロピー

いよいよペンローズの共形循環宇宙論（以後、CCCと略記する）の話に入る。

ペンローズは、べつにビッグバンに異を唱えているわけではない。ビッグバンについては、ペンジアスとウィルソンの発見後、さまざまな証拠が積み重なっており、ビッグバン自体を否定する科学者はほとんどいない。ペンローズとて例外ではない。

ペンローズはしかし、ビッグバンには奇妙な点があるという。それはエントロピーの問題だ。エントロピーは「乱雑さ」のこと。この宇宙には「エントロピー増大の法則」がある。覆水盆に返らずという諺《ことわざ》があるが、秩序から無秩序に向かうのが世の習い。時間とともに世界はどんどん乱雑になってゆく。

人間だって生まれたときは肌がすべすべでも、歳とともに肌の張りが失われ、かさかさになり、やがて死んで焼かれて灰になる（あるいは土葬されて細菌に分解される）。秩序から無秩序へ。この大きな流れには誰も抗《あらが》うことができない。

ということは、138億年前のビッグバンのころは、現在よりはるかに宇宙のエントロピーが低かった計算になる。エントロピーが増大し続けるのが法則なのだから、昔のエントロピーは今と比べて低くなくてはならない。

これはちょっぴり直観に反するだろう。エントロピーを単純に「乱雑さ」という言葉で理解しているかぎり、大爆発は「乱雑」で、現代の銀河や太陽系は「秩序」をもっているように見えるから。直観では、ビッグバンのエントロピーは大きく、現在の宇宙のエントロピーは低い感じがする。

だが、物理学は、数式で厳密に万物を表現する学問だ。その数式で計算してみると、ビッグバンのころの宇宙のエントロピーは（おおまかに）10の88乗（にボルツマン定数とよばれるものをかけたもの）であり、現在の宇宙のエントロピーは10の101乗程度と見積もることができるのだ。なぜ、そんなことになるかといえば、その数式は、「可能な配置」を数えているからだ。

といってもわかりにくいので、マス目が四つしかない碁盤を考えてみよう。白い石しかなければ、配置は一つしかない。だが、白が二つ、黒が二つであれば、6通りの配置がある。ゆえに、後者のほうがエントロピーが大きい計算になる（図6-2）。

で、ビッグバンのときは、あまりに高温すぎて、そもそも分子もなければ原子さえもなく、ありていにいえば「光だけ」の状態だった。これは、比喩的に言えば、碁石が白だけの状態であり、ゆえにビッグバンのエントロピーは低いのだ。

では、現在の宇宙でエントロピーが大きい理由は何だろうか。その答えはズバリ、「ブラックホール」である。

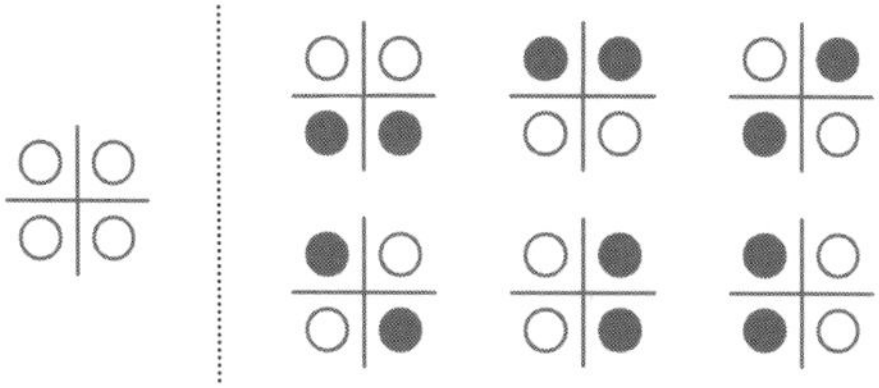

図６-２ 白い碁石だけだと配置が1通りしかないが、白が2つ、黒が2つだと配置が6通りになってエントロピーが大きくなる（＝より乱雑になる）。

あらゆる物質を吸い込むブラックホール。いったん事象の地平線を越えてしまった粒子は、そのまま中心部の特異点へと向かう。そこで「終点」に到達した無数の粒子たちのエントロピーは、その総質量に比例することがわかっている（ブラックホールのエントロピーは、ベッケンシュタインとホーキングが独立に計算した）。

エントロピーの観点から寄与が大きいのは、銀河の中心にある超巨大ブラックホールだ。太陽の10の5乗～10の10乗倍もの質量をもつブラックホールが、各銀河の中心に鎮座している。われわれの天の川銀河の中心にある超巨大ブラックホール１個のエントロピーだけで、なんと、ビッグバン時の宇宙全体のエントロピーの１０００倍にも達する可能性がある。

ここまでの流れをまとめておこう。

ビッグバン：エントロピーは、おもに「光」が担っていて低い
超巨大ブラックホール：単体でもビッグバン時の全宇宙を凌ぐほどのエントロピーをもつ

しゃんしゃん。ビッグバンのときは光が主役なので、宇宙のエントロピーは小さかったが、宇宙が歳をとって皺……じゃなくてブラックホールが増えれば増えるほど、エントロピーは大きくなる。

だが、ペンローズは、ここで留まることはなかった。彼は、弟子筋にあたるスティーヴン・ホーキングが提案した「ブラックホールの蒸発」という仮説を用いて、宇宙の終盤戦でのエントロピーについてしつこく考えてみたのだ。

●ブラックホールがポンと消えるとき

ホーキングの有名な仮説に「ブラックホールの蒸発」がある。

ブラックホールの縁《ふち》は、通常、一方通行になっていて、いったんその境界を越えて中に入ったら、二度と外に出ることはできない。だが、ホーキングは、そこに量子力学の考えを加味し、境界がちょっぴりぼやけるのではないかと考えた。ブラックホールは、完全に真っ黒ではなく、少

しは光を反射（放射）する……つまり、本当はグレーホールなのだと主張した。いわゆる「ホーキング放射」である。

ブラックホールからは、放射の形でかすかにエネルギーがもれる（放射の大半は低エネルギーの光だと考えられる）。完全にエネルギーを失って蒸発するまでの時間は、ブラックホールの質量の3乗に比例し、たとえば太陽の10の10乗倍の質量をもつ超巨大ブラックホールの場合、完全に放射し切って「ポン」と消滅するまでに、おおよそ10の97乗年かかる計算になる。ペンローズは、最後の超巨大ブラックホールが消滅するのに10の100乗年という見積もりをしている。

とにかく、長い長い年月がかかるかもしれないが、宇宙のエントロピーの大半に寄与するブラックホールは、いずれは「ポン」と消えてしまう。それはつまり、宇宙の終盤戦においては、「ポン」のたびにエントロピーが消えることを意味する。

ポン、ポン、ポン、ポン、……、そして最後のポン！　宇宙からすべてのブラックホールが消え去ったとき、宇宙のエントロピーは、ふたたびビッグバン時に近い値に戻ることだろう。そのようすをペンローズは次のように記述する。

そしてついに最後のブラックホールが「ポン」と爆発する。おそらく、小さめの大砲の砲弾が破裂した程度の威力しかなく、その後は指数関数的な膨張だけが続く。宇宙はどんどん希薄になり、冷たくなり、空っぽになり、また冷たくなり、希薄になり……それが永遠に続くのだ。このイメージは、われわれの宇宙の究極の運命を語り尽くしているのだろうか？

私はずっと、このような考えに鬱々としていたが、二〇〇五年の夏のある日、別の考えが頭に浮かんだ。それは「宇宙が永遠の単調さに支配されたとき、そのことを退屈に感じる存在があるのだろうか？」という自問だった。その頃にはもちろん、われわれは存在していない。存在しているのは主として、光子や重力子のような質量のない粒子だろう。

（『宇宙の始まりと終わりはなぜ同じなのか』竹内薫訳、新潮社）

宇宙は膨張に膨張を重ね、どんどん薄まってしまい、もう物質はほとんどない。後に残ったのは、ブラックホールからの放射の名残、すなわち「光」だけになる（註：光も、重力を伝える素粒子も、質量はゼロである）。

●ひとりぼっちの光

宇宙の始まりも光、宇宙の終わりも光が主役。そして、宇宙の始まりも、宇宙の終わりも、エントロピーが低い。

これって似てませんか？　確かに似ている。似すぎている。もしかしたら、宇宙の終わりは、

図6-3　t'は速度vで動いている時計のチクタクで、tは静止している時計のチクタク。相対性理論は、平方根のぶんだけ、動いている時計のチクタクが間延びして、チークタークとなることを主張する。

$$t' = \frac{t}{\sqrt{1-\frac{v^2}{c^2}}}$$

宇宙の始まりと「つながっている」のではないのか？

ええぇ？　いきなり、大胆な発想の転換が来ましたな。でも、これが実際、ペンローズの「とんでもない」アイディアなのだ。

といっても、さすがにこれだけだと読者に納得してもらうには無理があると思うので、主役の光の立場で宇宙を見たらどうなるかを考えてみよう。

そのためには、相対性理論からの図6-3のような式が必要になる。

これは「自分に対して動いている時計は遅れる」という式だ。同じ腕時計をもっているのに、自分に対して動いている人の腕時計は、チクタクではなくチークタークと時を刻むように見えるのだ（ただし、どちらの時計も壊れていないと仮定する）。この「時計の遅れ」は、アインシュタインの相対性理論の有名な帰結の一つである。

宇宙には、無数にたくさんの「時間」があり、どれが正確な時計なのか、判断はつかない。どちらも正確無比であっても、とにかく、自分と相手の間に相対速度がありさえすれば、相手の時計は遅れて見える（相手からすれば、こちらの時計が遅れて見える）。

で、この式で相対速度vが光速cに近づくにつれ、チーク、ターーク、チーーク、ターーーク、どんどん間延びしていって、しまいには、ほとんど時計の針が止まってしまう。

残念ながら、この数式は、完全に速度vが光速cになったときは適用できないが、それでも、速度vが光速に近づくにつれて、いったいどうなってゆくのかは想像できる。

光は、(当たり前だが)つねに光速で飛んでいる。ということは、仮に光が腕時計をはめているなら、われわれから見て、その時計の針は完全に静止しているはずだ。逆に、光からすれば、自分の周囲が光速で背後に飛んでゆくのだから、周囲の時が止まっている。いずれにせよ、光にとっては「時よ止まれ」ということになる。周囲で永遠の時間が経ったとしても、光にとっては一瞬にすぎない。いや、もはや、一瞬でさえもない。

同じようにして、速度vが徐々に光速に近づく宇宙船を考えてみると、面白い光景が生まれる。自転車に乗って、雨の中を走ってみよう。徐々に速度を上げてゆくと、雨はどんどん「前」から顔に当たるようになる。それと同じで、宇宙船の速度が上がるにつれ、周囲から飛んでくる光は、どんどん前から当たるようになる。

では、宇宙船の後ろや横の窓からの景色はどうなるかといえば、背後からどんどん「虚無」が広がり、宇宙船を包み込むような感じになる。周囲の星空は、どんどん宇宙船の前方に集中してゆき、しまいには「点」になってしまう。光速で飛んでいると、周囲の空間の広がりは消えてしまうのだ。

まとめると、光にとっては、時は止まり、空間も消滅する。時間を測ることもできなければ、距離を測ることにも意味がなくなる。要するに、時空の「スケール」が意味をもたなくなるのだ。

●CCC

たとえば、目の前にピラミッドがあるとしよう。そして、時空のスケールが意味をもたなくなったとする。「形」を保ちながら、ピラミッドを大きくしても小さくしても何も変わらない。形（＝角度）は保たれているけれど、全体の大きさに意味などない。

光が主役の宇宙においては、宇宙が大きいとか小さいという言葉は虚しい。それが「共形」ということの意味である。

ここにいたり、ようやく共形循環宇宙論（ＣＣＣ）の話になります（ぜえ、ぜえ、ぜえ）。

宇宙の主役が光で、宇宙の構造が共形の場合、宇宙の大きさに物理的な意味はない。だから、ビッグバンの小さな宇宙をスケール変換で拡大し、膨張して超巨大になった宇宙をスケール変換で縮小しても「物理的には何も変わらない」。

だとすると、再掲する図６‐１のような、とんでもない宇宙の描像が可能になる。

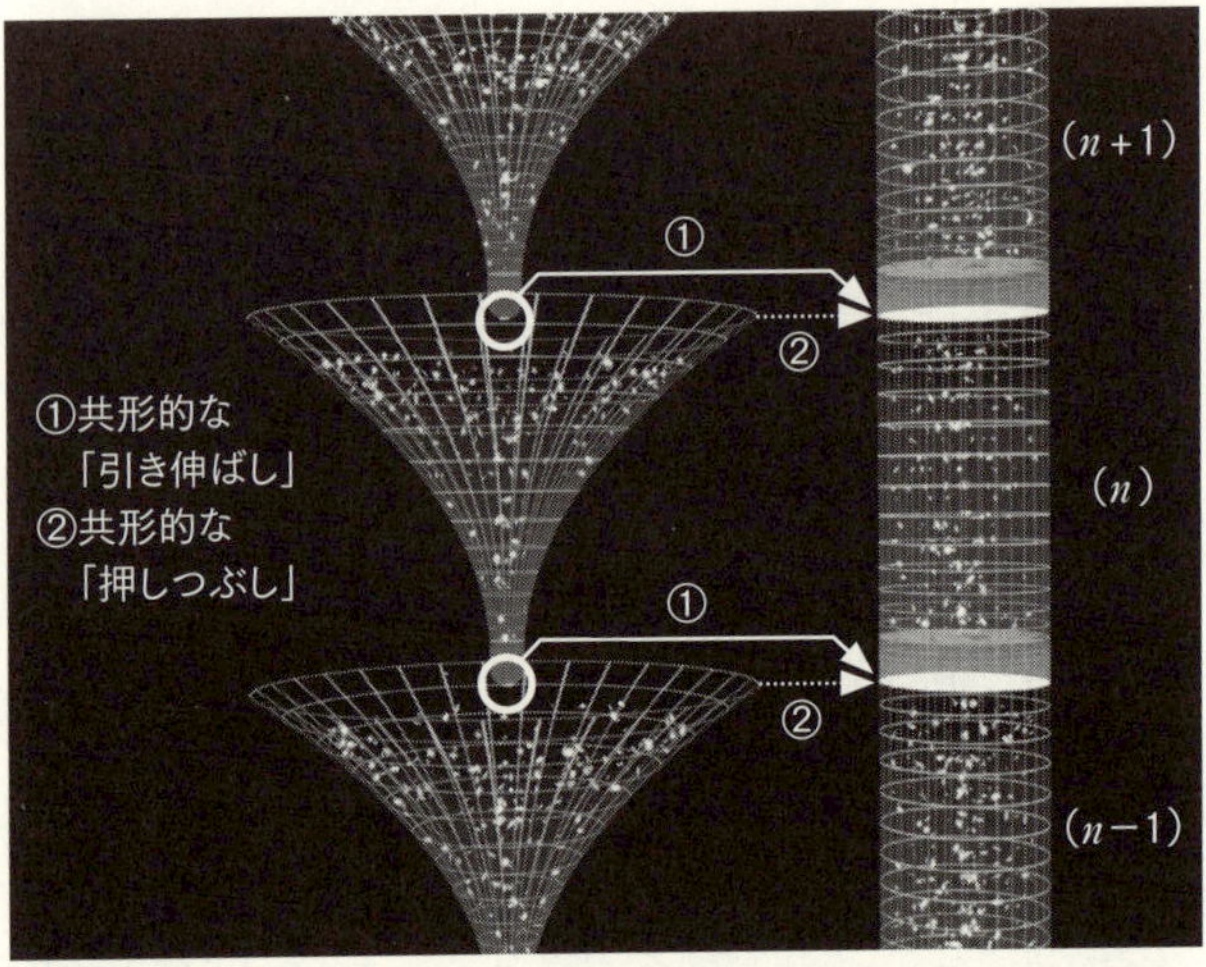

図6-1（再掲） この図は時空図なので、下が過去で上が未来になっている。ビッグバンを引き伸ばし、巨大に膨張した宇宙を押しつぶしてつなげれば、このような新しい宇宙の描像が得られる。

つまり、ビッグバンから始まり、現在から未来にいたる指数関数的な宇宙の膨張を経て、無数のブラックホールが生成・消滅した宇宙の終焉は、新たなビッグバンへとつながって、ひたすら循環してゆく。

ペンローズは、当然のことながら、誰もが抱くであろう素朴な疑問に次のように答えている。

読者諸氏は、未来の果てと〈ビッグバン〉の爆発を同一視することを不安に思われるかもしれない。未来の果てでは、放射の温度が下がってゼロとなり、膨張により宇宙の密度もゼロになるのに対して、〈ビッグバン〉では、放射の温度も密度も無限大であるからだ。けれども、〈ビッグバン〉での共形的な「引き伸ばし」は、無限大の密度と温度を有限の値まで引き下げ、無限遠の未来での共形的な「押しつぶし」は、ゼロだった密度と温度を有限の値まで引き上げる。これらは両者を一致させるための再スケーリングにすぎず、引き伸ばしも押しつぶしも、両側の物理学に対してなんの影響も及ぼさない。

（『宇宙の始まりと終わりはなぜ同じなのか』竹内薫訳、新潮社）

このペンローズのCCCが特に興味深いのは、1998年に発見された、現在の宇宙の指数関数的な膨張が、そのまま、次のビッグバン直前に起きる「インフレーション」につながる点だ。皮肉なことに、ペンローズ自身は、あまりインフレーションを信じていないようだが、インフレーション宇宙論は、多くの科学者が支持する理論であり、それを自然に取り込むことができるのは、CCCの利点だと言える。

CCCが、ある意味、ビッグバン宇宙論と定常宇宙論の「いいとこ取り」に見えるのは私だけであろうか。ビッグバンはあるが、それは前の宇宙の終焉と接続され、今の宇宙の終焉は、次の宇宙のビッグバンへとつながる。永遠に循環するという意味で、定常宇宙論が目指した「安定」に近い要素をもっている。

いったん大きくなった宇宙が、ビッグバンの極小宇宙と「同じ大きさ」だというペンローズの主張に眩暈《めまい》を覚える読者も多いだろう。だが、ペンローズの主張の肝は、まさにここにある。宇宙の始まりと終わりにおいて、光が支配的となり、宇宙から時間や距離の概念が消える。宇宙の終わりが大きく、ビッグバン時に小さいという発言そのものが物理的に無意味になる。大きさという概念が宇宙から消え去るのだ。

まさにとんでもない仮説だが、CCCは、観測や実験で検証することができるのだろうか。ペンジアスとウィルソンの発見から半世紀あまり、いまでは全天から地球に降り注ぐ、ビッグバンの残り火の詳細な観測が行われている（COBE、WMAP、プランク衛星による観測）。もし、「ビッグバンの地図」（宇宙背景放射とよぶ）の中に、前の宇宙で起きた現象が刻印されていたらどうだろう？　たとえば、巨大ブラックホールどうしが衝突して合体したときに発生した重力波の「模様」はどうだろう？　それは、発生点から球対称に広がるに違いない。

ペンローズは、そのような球対称のパターン（つまり円）が、実際にビッグバンの地図に存在するかもしれないと示唆している。

前のイーオンでブラックホールどうしが出会って二つの球が交わるたびに、空の宇宙マイクロ波背景放射のなかに円が生じる。この円は、背景となる全天の宇宙マイクロ波背景放射の温度に対して、正または負の寄与をする。

（『宇宙の始まりと終わりはなぜ同じなのか』竹内薫訳、新潮社）

ちょっと補足が必要だ。ここに出てきた「イーオン」(aeon) はきわめて長い時間を意味す

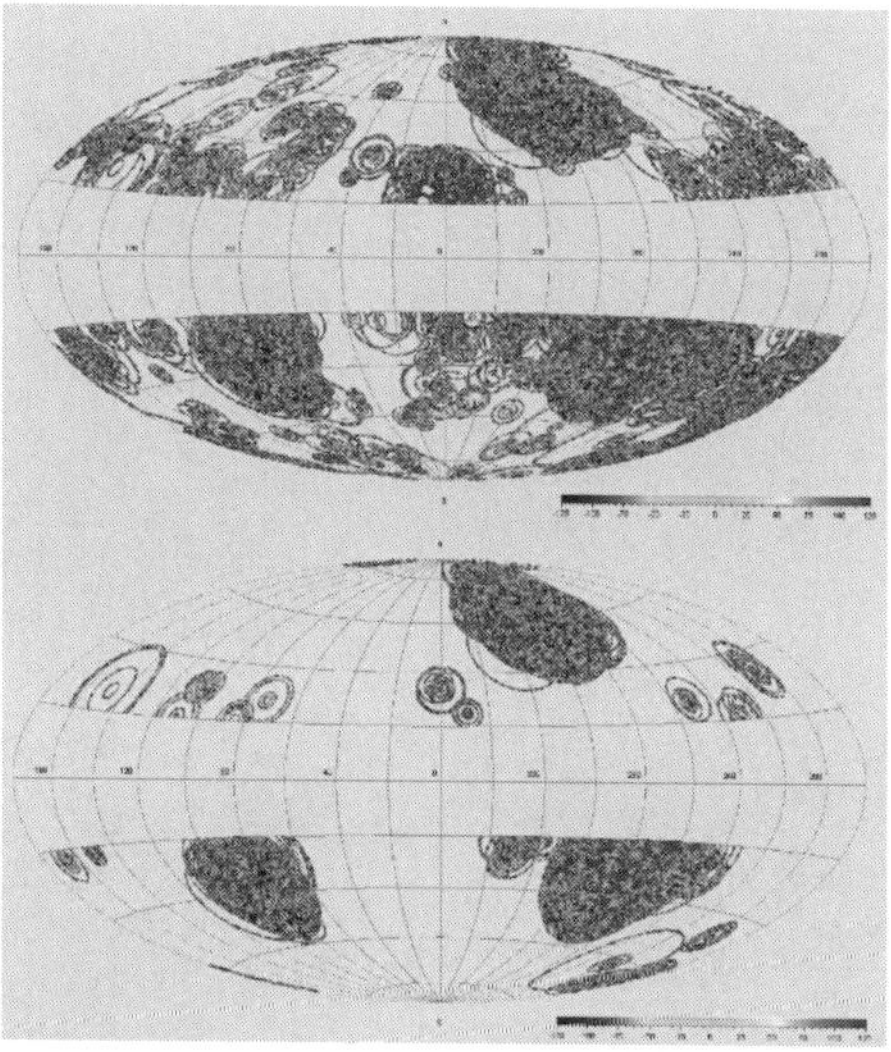

図 6 - 4　ビッグバンの地図の温度のムラに現れる円は、前の宇宙のブラックホールの衝突と合体の痕跡だろうか？（「CCC and the Fermi paradox」V. G. Gurzadyan and R. Penrose, arXiv:1512.00554v2 [astro-ph.CO]）

る。ペンローズは、CCCの各宇宙の持続期間をイーオンとよんでいる。

重力波そのものではなく、重力波が、光と相互作用をしない「ダークマター」に影響を与え、それがビッグバンの地図上に痕跡として現れるのではないかとペンローズは考えている。

これに対しては、ランダムに生成した地図からも球対称なパターンを読み取ることが可能なので、前の宇宙の痕跡とは限らない、という異論があり、ペンローズ自身もその可能性を慎重に検討している。まだ、決着はついていないようだが、もし本当に、ビッグバンの地図の温度の円形ムラがブラックホールの衝突による重力波の影響なのだとしたら、「とんでもない」どころの話ではない。現在の宇宙論の定説が根底から覆るほどの大事だといえるだろう（図6-4）。

あるいは、前の宇宙の知的生命体が、われわれに宇宙の構造を教えるために、この地図の中になんらかの暗号メッセージを残した可能性はあるのか？　将来、この地図の「解像度」がもっと上がらないと、そのような痕跡は判別できないかもしれないが、なんとも夢のある話ではないか。

はたして、ペンローズのCCCに、「神」の居場所はあるのか、それともないのか。今後、宗教界も難しい判断を迫られることになるかもしれない。ただし、宗教家たちが議論をする前に、参考図書にあるようなムズカシイ数式を理解しないといけないので、少々、ハードルが高いかもしれないが！

エピローグ

ペンローズの絵記号

天才は計算方法が変わっている……らしい。リチャード・ファインマンの伝記にも、子供のころ、三角関数の問題を独自の記号でやっていたため、友人が理解できなかった逸話が出てくる。

ペンローズも計算に独特の絵記号を使っている。使う記号なんてどうでもいいような気がするが、ローマ人が数表記にローマ字を使っていたために算術が発展しなかったことを考えれば、いかに表記法が大切かがわかるだろう。微積分にしたって、ニュートンとライプニッツが、ほぼ同時に発明したわけだが、その表記法は大きく違った。

ニュートン流：x'とかx''など

ライプニッツ流：dx/dtやd^2x/dt^2など

今では、数学記号としては、ほとんどライプニッツ流になっている。ライプニッツ流だと、微分の逆演算である積分との関係を直観的にうまく表すことができるからだ。

ペンローズの絵記号と通常の数学記法を比べてみよう（図e-1）。

うーむ。ペンローズは、頭の中で、このような絵を使って計算をしているのだ。あまりよくわからないが、なにやら楽しそうではある。まるで、古代のマヤの絵文字のようだ。

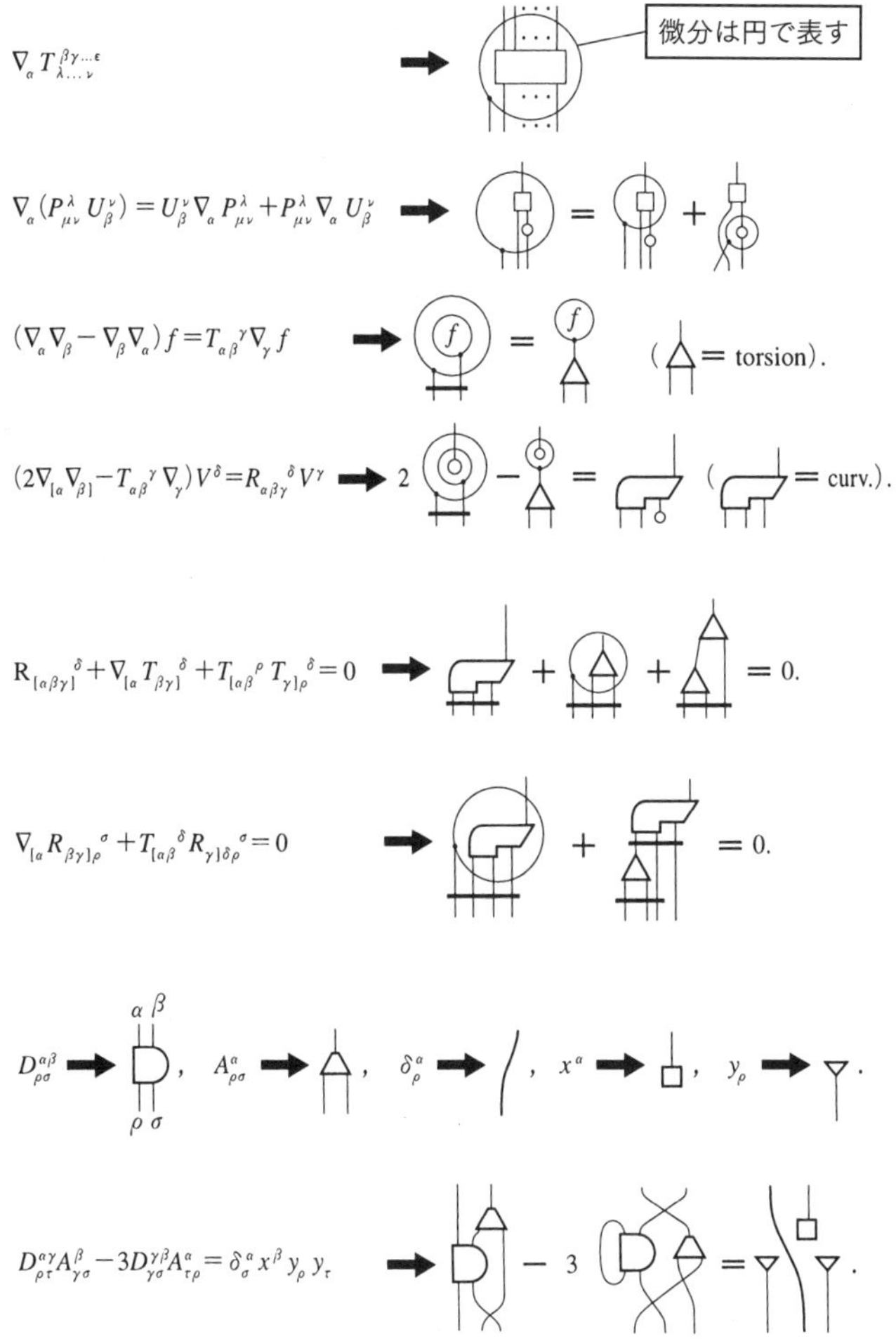

図e-1 ペンローズが計算に使うという絵記号　（『Spinors and space-time』R. Penrose and W. Rindler (Cambridge)）

増補新版へのあとがき

本書の旧版を上梓してから18年が経った。

おかげさまで、この本は、物理・数学好きの読者に温かく迎えられたが、ペンローズ自身は、この18年の間にさらに「思想」が深まり、特に宇宙論の分野で活発な発言をするようになった。科学者として、そして哲学者として、新たな地平を切り拓き続けている。

そして、この本は、いつのまにか、ペンローズ本人に置いていかれてしまった。

実を言えば、この本は私にとって、いろいろな想いの詰まった本だ。まだ駆け出しのサイエンス作家だったころ、（冒頭にケン・モージャイとして登場する）親友の茂木健一郎に紹介されて、講談社旧館の薄暗い一室で編集者の梓沢修さんと面会した。当時、私は文筆業を続けるべきかどうか迷っていた。講談社のブルーバックスといえば、科学少年であった私が中学生のころから親しんできたレーベルであったが、実績のない私に老舗出版社が執筆のチャンスをくれるのかどうか、内心、疑っていた。

しかし、梓沢さんは無事に企画会議を通してくれ、喜び勇んだ私は、この本を正味1ヵ月で一《いっ》気呵成《きかせい》に書き上げた。あの勢いは、いったいどこから生まれたのだろう。

とにかく、この本は、サイエンス作家としての私の「決意表明」であり、大きな節目となった。作家にはみな、心の本がある。そして、この本は、私の中での実質的な処女作なのだ。

長らく品切れ重版未定になっていたこの本の増補新版の刊行を提案してくれたのは、梓沢さんの後任の倉田卓史さんだった。読者から、担当編集者の立場に変わった倉田さんは、「この魅力的な一冊が品切れになっているのが長く残念でなりませんでした。改訂版を出すことで、竹内さんの他の本も、新たな読者に恵まれることと存じます」と、この本の復活を力強く後押ししてくれた。

18年が経ち、私も還暦を意識する年齢になった。数え切れない連載をこなし、100冊以上の本を書き続けてきた今の私が、この本を読み返すと、確かに勢いはあるものの、文章は荒削りで難が目立ち、若い貧乏作家の愚痴が綴《つづ》られていたりして、どうしてくれようかと頭が痛くなった。いっそのこと、全体に真っ赤に朱を入れて、表現を修正し、中身も大きく入れ替えるべきか。

だが、大いに悩んだ末に、私は18年前の文章に大幅に朱を入れることはやめた。これまで、たくさんの科学書の変遷を目撃してきた。不思議なことだが、作家や科学者が年を重ねてから取り組んだ改訂版は、ほとんどの場合、初版の出来に及ばない。なぜか、本に「艶《つや》」がなくなってしまうのだ。私の書棚には、そういった本が何冊も並んでいる。新版は古本屋に売り払われ、ボロボロになった初版だけが手元に残る。同じ轍《てつ》は踏みたくない。

そこで、今回、新たに第6章を足して、共形循環宇宙論（CCC）の要点を竹内流の解釈で追加し、その他はいじらずに、増補新版を出してもらうことにした。18年前に書いた文章と比べても、さらに嚙み砕いて説明するよう努力したつもりだ。だらだら書くのはいけないので、この1章は、18年前と同じように集中して一息に書き上げた。

ただ、18年前と変わらないこともある。私はつねに俎上《そじょう》の鯉《こい》の心境なのだ。はたして、私の判断は正しかったのか。追加した第6章で、CCCの要点を読者に伝えることができ、読者は満足してくれただろうか。それとも、やはり、骨格からバラバラにして、完全に本を作り直したほうがよかったのか。すべては読者の読後感にかかっている。

最後になるが、特にCCCについて、数学的かつ物理学的にもっと厳密で詳細なペンローズ自身による議論については、どうか、巻末の参考図書をご覧いただきたい。

読者のみなさま、増補新版をお読みいただき、ありがとうございました！

2017年秋　裏横浜の仕事場にて

竹内薫

参考図書

網羅的な文献ではなく、読者がさらに読み進めるために適当と思われる書籍・論文について、本文中に引用したもの以外に厳選して挙げておく。本書よりレベルが上のものを中心にご紹介する。

第1章　特殊相対性理論

●『Relativity and Common Sense : A New Approach to Einstein』 Hermann Bondi (Dover)
相対論のまったく新しい見方を提供してくれる。英語ができれば高校生でも読める。

●『物理入門　下　相対論・量子力学』 砂川重信著(岩波書店)
特殊相対論のさまざまなパラドックスが簡潔にまとめてある。大学1年生くらいのレベル。

●『相対論の意味』 アインシュタイン著、矢野健太郎訳(岩波書店)
やはり、オリジナルなものを読むのは楽しい。一生に一度はアインシュタインを読んでほしい。

●『Relativistic Kinematics: A Guide to the Kinematic Problems of High Energy Physics』 Rolf Hagedorn (Benjamin/Cummings)
実用的なホンネの相対論の教科書。たいていの初歩的な疑問は、これを読めば解けるはず。

第2章　一般相対性理論とブラックホール

●『時空と重力』　藤井保憲著（産業図書）
一般相対論のていねいな入門書。理科の得意な高校生なら理解できるはず。

●『ブラックホール　一般相対論と星の終末』　R・ルフィーニ／佐藤文隆著（中央公論社）
ブラックホールについての好著。難解な専門書よりもハードルが低いのでありがたい。

●『Gravitation』 Charles W. Misner, Kip S. Thorne, John Archibald Wheeler (Freeman)
一般相対論のバイブル。ペンローズ図やスピノールの話もわかりやすく出ている。大学院レベル。邦訳あり：『重力理論　Gravitation――古典力学から相対性理論まで、時空の幾何学から宇宙の構造へ』　若野省己訳（丸善出版）

第3章　量子力学

●『量子力学の基本原理　なぜ常識と相容れないのか』　デヴィッド・Z・アルバート著、高橋真理子訳（日本評論社）
哲学者の書いた量子論の本。たくみな比喩が見事で、ボームの理論も出ている。
●『Quantum Theory and Measurement』　John Archibald Wheeler & Wojciech Hubert Zurek eds. (Princeton University Press)
量子力学の観測問題の基本論文集。この分野をやる人は必携。
●『The quantum-to-classical transition and decoherence』　Schlosshauer M., arXiv:1404.2635［quant-ph］

第４章　スピノールとツイスター

●『An Introduction to Twistor Theory』　S. A. Huggett & K. P. Tod（Cambridge University Press）
ツイスターの入門書は非常に少ない。本書付録のツイスターの描き方の数式もここに出ている。

第５章　結び目理論と量子重力

●『組みひもの数理』　河野俊丈著（遊星社）

最先端の結び目と組みひもの話。相対論やスピノールとの関連もよくわかる。オススメ。
●『数学のたのしみ3　4次元をのぞく』　上野健爾／志賀浩二／砂田利一編集（日本評論社）
四次元の数学の新展開を気楽に概観するのに最適。
●『微分・位相幾何』　和達三樹著（岩波書店）
四次元の数学を勉強するための基礎になる数学の教科書。
●『Knots and Physics』　Louis H. Kauffman（World Scientific）
とても面白くて、いろいろなことが書いてある本。邦訳あり：『結び目の数学と物理』　鈴木晋一／河内明夫監訳（培風館）
●『Gauge Fields, Knots and Gravity』　John Baez & Javier P. Muniain（World Scientific）
結び目理論から量子重力までを扱った好著。非常に読みやすい。

第6章　共形循環宇宙論

●「Before the Big Bang: An Outrageous New Perspective and Its Implications for Particle Physics」　Roger Penrose., Proc. EPAC（2006）2759-2767
●「On the Gravitization of Quantum Mechanics 2: Conformal Cyclic Cosmology」　Roger Penrose., Found.

Phys. (2014) 44: 873-890 https://doi.org/10.1007/s10701-013-9763-z

●『インフレーション宇宙論　ビッグバンの前に何が起こったのか』　佐藤勝彦著（講談社ブルーバックス）

ペンローズ自身のもので翻訳されているのは、２０１７年11月末時点で、以下の通り。

●『皇帝の新しい心　コンピュータ・心・物理法則』　ロジャー・ペンローズ著、林一訳（みすず書房）

●『ホーキングとペンローズが語る時空の本質　ブラックホールから量子宇宙論へ』　スティーヴン・ホーキング／ロジャー・ペンローズ著、林一訳（早川書房）

●『心は量子で語れるか　21世紀物理の進むべき道をさぐる』　ロジャー・ペンローズ著、中村和幸訳（講談社ブルーバックス）

●『時間とは何か、空間とは何か　数学者・物理学者・哲学者が語る』　A・コンヌ／S・マジッド／R・ペンローズ／J・ポーキングホーン／A・テイラー著、伊藤雄二監訳（岩波書店）

●『ペンローズの〈量子脳〉理論　心と意識の科学的基礎をもとめて』　ロジャー・ペンローズ著、竹内薫／茂木健一郎訳・解説（筑摩書房）

●『宇宙の始まりと終わりはなぜ同じなのか』　ロジャー・ペンローズ著、竹内薫訳（新潮社）

●『心の影　意識をめぐる未知の科学を探る』〈新装版1、2〉　ロジャー・ペンローズ著、林一訳（みすず書房）

$$ds^2 = \frac{-d\psi^2 + d\xi^2}{4\cos^2\frac{1}{2}(\psi+\xi)\cos^2\frac{1}{2}(\psi-\xi)} + r^2(d\theta^2 + \sin^2\theta d\phi^2)$$

となって、宇宙が三角形の内部に凝縮される。

4 Robinson congruence

ツイスターの形を決める式は以下の二つ。

$$x^2 + y^2 + (t-z)^2 + 2ax\tan\theta\cos\phi - 2ay\tan\theta\sin\phi - a^2 = 0$$

$$(t-z) - x\tan\theta\sin\phi - y\tan\theta\cos\phi = 0$$

ここでaは、渦巻きの基本的な大きさと、右巻きか左巻きかを決める定数。θを固定してϕを変化させると、円がドーナッツの上に斜めに乗る。

$x=\rho\cos\omega$, $y=\rho\sin\omega$とおく。$(t-z)$を消去して、ρについて解けば、Mathematicaの記法で、

rho[omega_, phi_]:=a(−Tan[theta]Cos[omega+phi]+Sec[theta])/(1+Tan[theta]Tan[theta]Sin[omega+phi]Sin[omega+phi])

である。t=0として、zは二つめの式を使えばいい。グラフを描くには、aと*theta*を勝手に指定してから、

ParametricPlot3D[{rho[u,phi]Cos[phi], rho[u,phi]Sin[phi],−rho[u,phi]Tan[theta]Sin[u+phi]}, {u,0,2 Pi},{phi,0,2 Pi}]

と、パラメータ表示で描けばよい。*phi*の範囲を*{phi,0,2 Pi}*ではなく、*{phi,0,Pi}*と狭めれば、渦巻きの縦割りの半分を見ることができる。*theta*の値をさまざまに変えたものを一緒に表示すると、本書で描いたサンプルのようになる。お試しあれ。

❶ Lorentz transformation（$c=1$）

ローレンツ変換は、光速が1となる単位系で、

$$t'=\frac{t-vx}{\sqrt{1-v^2}} \qquad x'=\frac{x-vt}{\sqrt{1-v^2}}$$

である。これを一般化したものや速度の変換、角度の変換などについては、参考図書に掲載してあるHagedornの教科書を見ていただきたい。

❷ Schwarzschild spacetime geometry

シュヴァルツシルトの計量は、原点にブラックホールがあるもので、極座標で

$$ds^2=-\left(1-\frac{2M}{r}\right)dt^2+\frac{dr^2}{\left(1-\frac{2M}{r}\right)}+r^2(d\theta^2+\sin^2\theta\, d\phi^2)$$

と表される。$r=2M$で$\left(1-\frac{2M}{r}\right)$が0となって、「ものさし」の用をなさないことがおわかりだろう。適当な変数変換を施して、別の座標系に移れば問題はない。詳しくは、一般相対性理論の教科書をご覧いただきたい。『Gravitation』にはなんでも出ている。

❸ Minkowski spacetime in Penrose's coordinates

平らなミンコフスキー時空の計量は、

$$ds^2=-dt^2+dr^2+r^2(d\theta^2+\sin^2\theta\, d\phi^2)$$

である。これに、

$$t+r=\tan\frac{1}{2}(\psi+\xi) \qquad t-r=\tan\frac{1}{2}(\psi-\xi)$$

という変数変換を施すと、

〈は行〉

〈た行〉

〈な行〉

〈さ行〉

さくいん

〈アルファベット〉

〈あ行〉

〈か行〉

N.D.C.421　302p　18cm

ブルーバックス　B-2040

ペンローズのねじれた四次元《よじげん》〈増補新版《ぞうほしんぱん》〉
時空はいかにして生まれたのか

2017年12月20日　第1刷発行
2020年10月22日　第3刷発行

著者　竹内《たけうち》　薫《かおる》
発行者　渡瀬昌彦
発行所　株式会社講談社
〒112-8001 東京都文京区音羽2-12-21
電話　出版　03-5395-3524
販売　03-5395-4415
業務　03-5395-3615
印刷所　（本文印刷）豊国印刷株式会社
（カバー表紙印刷）信毎書籍印刷株式会社
製本所　株式会社国宝社

定価はカバーに表示してあります。

ISBN978-4-06-502040-1

発刊のことば

科学をあなたのポケットに

二十世紀最大の特色は、それが科学時代であるということです。科学は日に日に進歩を続け、止まるところを知りません。ひと昔前の夢物語もどんどん現実化しており、今やわれわれの生活のすべてが、科学によってゆり動かされているといっても過言ではないでしょう。

そのような背景を考えれば、学者や学生はもちろん、産業人も、セールスマンも、ジャーナリストも、家庭の主婦も、みんなが科学を知らなければ、時代の流れに逆らうことになるでしょう。

ブルーバックス発刊の意義と必然性はそこにあります。このシリーズは、読む人に科学的に物を考える習慣と、科学的に物を見る目を養っていただくことを最大の目標にしています。そのためには、単に原理や法則の解説に終始するのではなくて、政治や経済など、社会科学や人文科学にも関連させて、広い視野から問題を追究していきます。科学はむずかしいという先入観を改める表現と構成、それも類書にないブルーバックスの特色であると信じます。

一九六三年九月

野間省一